Die wissenschaftlichen Arbeiten

des

Botanischen Instituts

der

K. Universität zu Berlin

in den ersten 10 Jahren seines Bestehens.

Ein Beitrag zur Geschichte der Botanik.

Von

Dr. Max Westermaier,

Dozent in Berlin.

Springer-Verlag Berlin Heidelberg GmbH 1888

ISBN 978-3-662-32241-3   ISBN 978-3-662-33068-5 (eBook)
DOI 10.1007/978-3-662-33068-5

Einleitung.

Die blosse chronologische Darstellung der Arbeiten, die
in einem gewissen Zeitraum den literarischen Schatz einer
Wissenschaft bereichert haben, das ist es bekanntlich nicht,
was man geschichtliche Entwicklung der betreffenden
Wissenschaft nennt. Gerade darauf haben vielmehr die Verfasser historischer Beiträge zur Entwicklung eines wissenschaftlichen Gebietes besonders zu achten, dass der rothe Faden
des geistigen Zusammenhanges dem Leser möglichst sichtbar werde. Es hängt ja oft von Umständen ab, die mit der
Wissenschaft gar nichts zu thun haben, ob eine bestimmte
Forschungsarbeit früher oder später in Angriff genommen und
erledigt wird. Für die verständige historische Darstellung
darf die Chronologie keine lästige Fessel sein, sie hat ohnedies noch oft genug die Aufgabe, als Prinzip für die Anordnung des Stoffes zu dienen, wenn etwa ein innerer Zusammenhang nicht vorhanden oder verborgen ist. Somit habe ich
mich in dem abgesteckten Zeitraum von zehn Jahren in der
Anordnung des vorzuführenden Stoffes in erster Linie an den
Zusammenhang der verarbeiteten Gedanken anzuschliessen;
die zeitliche Aufeinanderfolge der einschlägigen Veröffentlichungen kommt kaum in Betracht.

Da die Gründung des Berliner Botanischen Instituts mit
Schwendener's Hieherkunft im Jahre 1878 geschah, so hängt
natürlich die ganze Thätigkeit dieses Instituts mit der Forschungsrichtung dieses Gelehrten zusammen, und wir sind
veranlasst, die Anfänge der Schwendener'schen Schule überhaupt etwas näher zu betrachten.

Die Schwendener'sche Schule beginnt nicht erst mit dem Jahre 1878, dem Geburtsjahr des Berliner Botanischen Instituts, welches von da ab bis zur Gegenwart der Leitung ihres Gründers untersteht. Eine wissenschaftliche „Schule" bedarf ja nicht einmal des persönlichen Verkehrs zwischen Lehrer und Schüler, um ins Leben zu treten, braucht auch nicht nothwendig ein Institut als Hülfsmittel. Die geistige That, d. h. also eine Publikation von grösserer Tragweite oder eine Reihe solcher Arbeiten, das ist's, was eine Schule erstehen lässt. Mag es dann geschehen, dass die Angehörigen dieser Schule gleichzeitig und räumlich vereint mit dem Meister, der die Bahn gebrochen, arbeiten, wie es in unseren Instituten der Fall ist, oder aber, dass jene Arbeit in einigen Exemplaren in die Welt hinauswandert, und dass ihre Ideen an einem beliebigen Punkt der Erde im Kopf eines Schülers ohne Wissen des Lehrers sich fruchtbar erweisen: eine „Schule" entsteht in einem wie im andern Fall; der Einfluss der neuen Forschungsrichtung wird sich nach Massgabe der in ihr verborgenen inneren Kraft, d. h. gemäss ihres Gehalts an erforschter Wahrheit und des Reichthums der eröffneten Gedankenwelt früher oder später geltend machen müssen. Natürlich aber liegt in der Gründung und Erhaltung wissenschaftlicher Staatsinstitute eine mächtige Förderung für die Entfaltung und Ausbreitung der betreffenden Wissenschaft, und mit Hülfe dieser Stütze erfolgt oft ein schnelleres Bekanntwerden der Schule, als es ohne sie geschehen würde.

Um nun auf unsere Frage zurückzukommen nach Zeit und Ort des Beginns der Schwendener'schen Schule, so ist kurz zu antworten: In Basel im Jahre 1874 sind die Quellen jener wissenschaftlichen Strömung zu suchen, die nach der Gründung des Berliner Botanischen Instituts 1878 eine breitere Bahn erhielt. Die Theilnahme dieses Instituts an den Fortschritten der wissenschaftlichen Botanik in den letzten zehn Jahren kurz zu skizziren, dieser Aufgabe unterzog ich mich mit vorliegendem Schriftchen.

Nothwendig erscheint es mir, zu bemerken, dass der Kreis der Arbeiten der Schwendener'schen Schule überhaupt ein viel grösserer ist, als der Kreis der aus dem Berliner Institut hervorgegangenen. Die in unmittelbarem Zusammenhang mit unserem Institut gemachten Arbeiten sind das eigentliche Material, das hier zur Besprechung kommen soll.

Es entfallen somit die Werke Haberlandt's, dieses bekannten und hervorragenden Angehörigen der Schwendener-schen Schule, spätere Arbeiten von Ambronn, Zimmermann, Tschirch und Anderen dem Kreis unserer Betrachtung. Eine scharfe Grenze zu ziehen gelingt allerdings auch in diesem Falle nicht. Des inneren Zusammenhanges wegen nur ist hier und dort von nicht dem Berliner Institut angehörigen Arbeiten die Rede. Solches zu thun, ist namentlich gleich am Beginn unseres Rückblicks angebracht.

Weiterhin sei hier, um jedes Missverständniss auszuschliessen, noch bemerkt, dass diese Blätter vor Allem und in erster Linie den unter Schwendener's Leitung und Einfluss ausgeführten Institutsarbeiten gewidmet sind, so zwar, dass auf die Arbeiten seiner Schüler im Allgemeinen genauer eingegangen wurde, als auf manche seiner ohnedies genügend bekannten eigenen Arbeiten.

Die Gruppirung des Stoffes, die ich für zweckmässig hielt, ist eine rein sachliche; den verschiedenen Richtungen unserer Fachwissenschaft widmeten sich die Institutsarbeiten in dem verflossenen ersten Decennium in ungleichem Grade. Der Löwenantheil fällt der anatomisch-physiologischen Richtung zu, incl. der reinen Anatomie. Wir werden weiterhin einen entwickelungsgeschichtlichen Abschnitt, einen solchen für Physiologie des Wachsthums und der Bewegungserscheinungen abgegrenzt finden. Am Schluss stossen wir noch auf das Kapitel „Molekularphysik". So erhalten wir die 5 Kapitel, die nun der Reihe nach dem Leser vorgeführt werden sollen.

I. Kapitel.

Es sind zwar 3 Geistesprodukte Schwendener's namhaft zu machen, die sämmtlich in den Arbeiten des Instituts Fortsetzung gefunden haben, nämlich 1. die Flechtenarbeiten aus der Münchener Periode (1860—69), 2. das mechanische Prinzip im Stammbau der Monocotylen, in Basel 1874 vollendet, 3. die mechanische Theorie der Blattstellungen, von Tübingen aus 1878 veröffentlicht. Dem zweiten der genannten Werke aber verdankt die Schwendener'sche Schule vor Allem ihre Entstehung, aus ihm floss nämlich neues Leben in die fast todte Anatomie der Pflanzen. Durch die beiden anderen Arbeiten wurde der einmal begründeten Schule eine breitere Basis, eine grössere Vielgestaltigkeit und Abwechselung verliehen. Die im „mechanischen Prinzip" durchgeführte Idee ist aus Schwendener's Geist entsprungen ohne, ja nicht bloss ohne Beeinflussung Nägeli's, sondern trotz des langjährigen geistigen Verkehrs der beiden hochverdienten Forscher. Nägeli trat nämlich nicht mit der Frage „wozu?" an die Pflanzenanatomie heran, ihn und seine Schüler beschäftigte vor Allem die strenge Art der entwickelungsgeschichtlichen Forschung. Das Schlagwort von „verschiedener Geistesrichtung" deckt uns natürlich das Geheimniss nicht auf bezüglich der so grundverschiedenen Fragestellung, die den beiden genannten Naturforschern eigenthümlich war und ist. Fast unbegreiflich erscheint es mir noch jetzt, dass ein Forscher von der Gründlichkeit Nägeli's der Anatomie so wenig teleologische Seiten abzugewinnen geneigt war. Ich trage kein Bedenken, meine Ansicht hierüber näher auszusprechen. Nägeli war früher so angelegt, dass ihm die Aufdeckung neuer Zweckmässigkeiten anscheinend kein anregendes Studium war. Die Darwin'schen Ideen von allmäliger Anpassung — inclusive des selbst hinzugedachten Vervollkommnungsprinzips — die unsicheren bekannten Vorstellungen über das successive Auftreten der Pflanzengruppen, z. B. das angebliche frühzeitigere Auftreten der Wasserpflanzen, dergleichen Gedanken fesselten geradezu seinen Geist wie denjenigen manches andern Forschers und verdrängten aus seinem Ideenkreis die Fragen nach den harmonischen Wechselbeziehungen zwischen anatomischem Bau und physiologischer Funktion, wie sie fix und fertig vor uns liegen. Die „Phylogenie" erzeugte nicht bloss in kleinen, sondern auffallender Weise auch in grossen Geistern eine gewisse Abneigung, nach Zweckmässigkeitsverhältnissen im inneren Bau der Pflanzen zu forschen. Vor lauter „Anpassung" vergass man das ausgezeichnete Aufeinanderpassen von anatomischem Bau und Lebensverrichtungen. Es bedurfte zwar nicht erst der Entdeckung, dass solche Zweckmässigkeiten existiren, wohl aber des starken Hinweises darauf, dass solche die Pflanzenwelt auch in ihrem inneren Bau beherrschen. Schwendener's Blick drang, in dieser Hinsicht frei von der Fessel phylogenetischer Umnachtung, in die Fülle der Erscheinungen hinein, und sein „mechanisches Prinzip" lehrte uns zuerst, dass den Pflanzen ein Gewebesystem zukomme, das durch seine mechanischen Eigenschaften wie auch durch Anordnung seiner Elemente („Stereïden") den Anforderungen der Festigkeitslehre entspreche, also ein „mechanisches Gewebesystem" sei und zwar ein specifisch-mechanisches System wegen seiner ausgesprochenen anatomischen Charaktere, und dieses Werk liess den Leser ahnen, dass den anderen Zellformationen und Gewebesystemen ebenfalls noch unerkannte Funktionen zukommen.

In den Handbüchern über Pflanzenphysiologie und Anatomie von Pfeffer (1881), Reinke (1880), Wiesner (1881) trat immerhin die Bedeutung jenes Werkes schon hervor, ja de Bary verweist 1887 in seiner „Vergleichenden Anatomie" mit Betonung auf jene „ausgezeichnete Arbeit" Schwendener's, und Sachs anerkennt 1882 (in den „Vorlesungen" p. 172) ebenfalls, dass Schwendener es war, welcher die Aufmerksamkeit zuerst auf die Bedeutung der Sklerenchym-Schichten und Stränge für die Biegungsfestigkeit der betreffenden Pflanzenorgane hinlenkte. Doch wo bleibt die Schule, die erstanden sein soll aus dem vielgenannten Werk?

Schwendener's Schüler Haberlandt erkannte in vollem Maasse die Tragweite der neuen Lehre. Ein längerer persönlicher Verkehr zwischen Lehrer und Schüler um das Jahr 1876 in Tübingen förderte nicht bloss das völlige Verständniss des letzteren, sondern ergab als erste Arbeit der neuen Schule aus der Feder Haberlandt's die „Entwickelungsgeschichte des mechanischen Gewebesystems", legte ferner den Grund zu desselben Verfassers Werken „Vergleichende Anatomie des assimilatorischen Gewebesystems der Pflanzen" 1881, owie über „Die physiologischen Leistungen der Pflanzengewebe" vom Jahre 1882, welch' letzteres endlich der Vorläufer der „Physiologischen Pflanzen-Anatomie" war; mit dieser erwarb sich Haberlandt 1884 das Verdienst, die gesammte Pflanzenanatomie in ihrer Bedeutung für's Pflanzenleben nach dem gegenwärtigen Stand unseres Wissens wissenschaftlich beleuchtet zu haben. In Anbetracht der geistvollen und schönen Form, in welcher diese Aufgabe von Haberlandt gelöst wurde, kann die gelegentlich beliebte Produktion phylogenetisch gehaltener Stilübungen und Hypothesen als unwesentlich ignorirt werden. Ein derartiges Werk wie das eben in Rede stehende schwebte bereits früher dem Geiste Schwendener's als eine spätere Entwickelungsstufe der vegetabilischen Gewebelehre vor.

Trotzdem weiss Haberlandt wie jeder Sachkundige, dass es in wenigen Jahren bei neuer Bearbeitung des Stoffes zur zweiten Auflage an Gelegenheit zu Erweiterungen, Zusätzen, Verbesserungen nicht fehlen wird. Sicher ist aber, dass seine „physiologische Pflanzenanatomie" ein bleibender Bestandtheil der botanischen Literatur sein wird, und dass wir die erste derartige Leistung dem streitbarsten Vorkämpfer der Schwendener'schen Schule verdanken, deren Pflanzstätte und Sitz seit 1878 eben das Berliner Botanische Institut ist. Die anatomisch-physiologische Forschung kann aber, um es gleich hier auszusprechen, gegenwärtig (1888) bereits sich der Anerkennung solcher Forscher rühmen, die zum Theil als frühere Oppositionspartei sich zusammengruppirten. Eine deutlichere

Anerkennung des Gegners kann ich mir nämlich nicht denken als ein Uebergehen zu ihm „mit Sack und Pack". Schimper, Johow, H. Schenk, in jüngster Zeit erfreulicher Weise auch Göbel arbeiten „anatomisch-physiologisch". Der Grund für diese Erscheinung liegt in dem Umstand, dass den genannten Fachmännern bei ihrem Aufenthalt und Studium in Westindien, Jamaika etc. die Macht der Wahrheit recht nahe trat, indem sich bei ihnen die Ueberzeugung alsbald Bahn brach, dass die „Biologie" der von ihnen beobachteten interessanten Pflanzenformen aus einem morphologischen und einem anatomischen Theil bestehen müsse. Letzterer ist eben nichts Anderes als die „anatomisch-physiologische" Betrachtung, wie solche durch die Schwendener'sche Schule schon früher gepflegt wurde.

Es seien einige Stellen beispielsweise hier angeführt, welche beweisen, wie obige Autoren jener Betrachtungsweise der Berliner Schule sich anschlossen. Johow leitet den einfachen wasserpflanzenähnlichen Bau der Wurzel mancher chlorophyllfreien Humusbewohner Westindiens von der Kleinheit der Ansprüche bezüglich der Wasserleitung her. (Pringsheim's Jahrb. Bd. XVI. „Die chlorophyllfreien Humusbewohner Westindiens, biologisch-morphologisch dargestellt" p. 426 f.); an anderer Stelle setzt Johow die verstärkten epidermalen Wassergewebe an Blättern von Pflanzen sonnigen Standorts eben mit diesem Standort in Wechselbeziehung (Pringsheim's Jahrb. XV p. 398 f.), und schliesst sich hierbei u. A. auch an eine von dem Verfasser dieser Zeilen stammende einschlägige Arbeit an.

A. F. W. Schimper ist es ferner, welcher in seinen interessanten Mittheilungen „Ueber Bau und Lebensweise der Epiphyten Westindiens" (Botanisches Centralblatt Bd. XVII. 1884) nebst Anderem anatomisch-physiologisch den Bau und die Funktion der Schuppen erörtert, welche der wurzellosen *Bromeliaceæ Tillandsia usneoides L.* eigenthümlich sind und zur Wasseraufnahme dienen; ferner bemüht sich derselbe Forscher in eingehender Weise zu beleuchten, wie bei anderen bewurzelten epiphytischen Bromeliaceen die Anatomie der Wurzeln, nämlich ihre nach der mechanischen Seite hin starke Ausrüstung im innigen Zweckmässigkeitszusammenhang mit ihrer in diesem Falle hauptsächlichsten Funktion der Befestigung stehen; diesen Formen dienen nämlich zur Wasseraufnahme ihre löffelartigen Blattbasen.

Göbel schreibt in seinen „morphologischen und biologischen Studien" (Annales du Jardin Botanique de Buitenzorg v. Treub) den Mantelblättern von *Platycerium grande* zwei Funktionen zu: erstens hindern sie das Austrocknen des Substrats, in welchem das Wurzelsystem sich entwickelt, zweitens sind sie Wasserspeicher. „Wassergewebe" entdeckte derselbe Forscher ausserdem in den Blättern von *Niphobolus carnosus* und *Gymnogramme caudiformis* unter der Epidermis der Blattoberseite.

Diese hier angeführten Beispiele zeigen, welch' gesundes und solides Fundament der gerade von der Schwendener'schen Schule schon seit 10 Jahren vertretenen Richtung zukommt.

Indess sind es keineswegs bloss oben genannte Autoren, welche in anderen Welttheilen die dortigen Pflanzenformen anatomisch-physiologisch behandelten, sondern ein Angehöriger unserer Schule selbst, Volkens, bereicherte die botanische Literatur mit seiner in ihrer Art wohl einzig dastehenden „Flora der ägyptisch-arabischen Wüste auf Grundlage anatomisch-physiologischer Forschungen dargestellt". Die Publikation vom Jahre 1884 („Beziehungen zwischen Standort" etc.) kann als Vorarbeit zu jener „Flora" betrachtet werden; die erstere ist gut disponirt, wenn auch in einem wesentlichen Punkt, wie wir noch sehen werden, auf dem Irrwege.

Unterstützt mit Mitteln der kgl. preussischen Akademie zu Berlin konnte Volkens an Ort und Stelle die im Allgemeinen seltene Combination floristischen und anatomisch-physiologischen Wissens in fruchtbarer Weise bethätigen. Diesem Mikroskopiker unserer Richtung gelang es z. B., ein Räthsel der dortigen Pflanzenwelt zu lösen, dessen Lösung der Afrikareisende Rohlfs nur in hypothetischer Form ahnte.

Der Strauch *Reaumuria* — ähnlich verhalten sich auch andere Pflanzen — scheidet während und unmittelbar nach der Regenzeit ein hygroskopisches Salzgemisch aus seinen Blättern aus und zieht damit in der Periode der Dürre die in der Atmosphäre dampfförmig vorhandene Feuchtigkeit an, schlägt diese Feuchtigkeit tropfbar flüssig nieder und leistet so mit oberirdischen Organen, was die Wurzeln in dem wasserarmen Boden nicht zu leisten vermöchten. Neben der Anatomie solcher salz-secernirenden Organe lernen wir weiter haarförmige Organe kennen, welche direkt die Aufnahme von Regen- und Thau-Wasser bewerkstelligen.

In der früheren Arbeit 1884 hatte sich Volkens trotz seiner eigenen ausführlichen Untersuchungen vom Jahre 1882 über die Apparate zur „Wasserausscheidung in liquider Form" durch einseitige Betrachtung des Baues xerophiler Pflanzen zu der Meinung verleiten lassen, die dickwandigen Elemente des Holzes seien Wasserreservoire. Doch in der grossen Arbeit zur afrikanischen Flora ist diese irrige Ansicht gänzlich aufgegeben; die Thatsache aber, dass Pflanzen heisser und trockener Klimate eine geförderte Ausbildung mechanischer Elemente aufweisen, findet hier folgende Beleuchtung: Solche Pflanzen besitzen in einem starken Skeletsystem eine vom Turgorzustand unabhängige Biegungsfestigkeit und sind durch dieses System zweitens vor der Gefahr jener Zerrungen einzelner Gewebe geschützt, welche mit Turgorschwankungen nothwendig verknüpft sind.

Volkens hält hier im Gegensatz zu Kohl und auch zu Haberlandt und gegenüber seiner eigenen früheren Ansicht die Transpiration für einen unvermeidlichen physikalischen Prozess, nicht aber für einen Lebensprozess oder eine physiologische Funktion. Das intercellulare Durchlüftungssystem im Mesophyll muss rücksichtlich des Grades seiner Ausbildung vom Standpunkt des Assimilationsprozesses aus beurtheilt werden. Es entwickelt sich nicht stärker, als es im Dienste der Assimilation zu sein braucht.

Magdeburg kam in seiner, in unserem Institut aus-

geführten Arbeit „Ueber die Laubmooskapsel als Assimilations-
organ" (1886) zu einem ähnlichen Ergebniss, hätte dasselbe
aber in eine schärfere Fassung bringen können.

Bei dem hervorstechenden Zug des Wüstenklimas, dem
Wassermangel, lag für Volkens vor Allem darin eine Fund-
grube interessanter Erscheinungen, dass er den Mitteln nach-
spürte, welche jenen pflanzlichen Geschöpfen im Kampfe gegen
zu grosse Wasserarmuth zu Gebote stehen. Neben dem oben
bereits Angeführten entnehme ich noch der anziehenden Schil-
derung unseres Autors, dass einmal die sog. „ephemeren"
Pflanzen durch die ungemeine Beschleunigung ihrer ganzen
Entwicklungsperiode geschützt sind, indem ihre Vegetations-
dauer auf die kurze Regenzeit beschränkt ist. Bei den echten
Wüstenpflanzen spielt hingegen wie bekannt die Reducirung
der Verdunstungsfläche eine grosse Rolle, speziell Uebernahme
der Assimilation durch den Stamm und die Zweige, eingerollte
Blätter, Vertikalstellung von Blättern und Zweigen, die bekannten Wachsüberzüge, Korkmäntel.

Da diejenigen Wüstengräser, welche Volkens lebend zur
Untersuchung vorlagen, nur ein Schmälerwerden der Blätter
beim Wasserverlust zeigten, indem die grünen Partien zu-
sammenrückten, die farblosen Wasserzellen collabirten, so
konnte Volkens den von Tschirch vorgeschlagenen Namen
„Gelenkzellen" für alle diese Fälle nicht acceptiren; derselbe
bleibt also noch auf die von Tschirch beobachteten Fälle an-
wendbar, wo um Streifen solcher Zellen wie um ein Charnier
eine Bewegung der Blattflächen erfolgt.

Dem Schleim in den Epidermiszellen (d. h. ihren Innen-
wänden) wird wohl mit Recht von Volkens die Funktion zugeschrieben, die Transpiration zu retardiren. Entgegen meiner
früher geäusserten hypothetischen Ansicht über die Bedeutung
dieses Organisationsverhältnisses pflichte ich der Deutung von
Volkens bei. Ueber den verschiedenartigen Schutz der Spaltöffnungen soll hier nicht weiter gesprochen werden.

Zur Wasserspeicherung ev. Absorption dienen den einen
Pflanzen blasenförmige Ausstülpungen vereinzelter Epidermis-

zellen, anderen ähnlich gebaute Trichome, wieder anderen innere Wassergewebe.

Nicht ganz zutreffend ist die Aeusserung von Volkens bezüglich des allgemeinen Fehlens mehrschichtiger Epidermen bei den Pflanzen des untersuchten Gebietes. Die Tafeln von Volkens zeigen selbst mehrere Beispiele hiervon, z. B. Tafel XI.

Fälle bei *Eragrostis* und *Cynodon* möchte ich naturgemässer schon zu den „inneren“ Wassergeweben stellen — was übrigens unwesentlich ist. Es gehören hierher auch die schon früher (durch Vesque und Heinricher) bekannten „Speichertracheïden“. Im Jahre 1883 hat übrigens schon Paul Krüger, ein anderer Schüler Schwendener's, bei zahlreichen Orchideen, insbesondere in den Knollen eigenthümliche centrale Wasserbehälter in Form von gewöhnlich langgestreckten, manchmal mit Fasern ausgekleideten Zellen beschrieben.

Weiterhin finden sich auch nach Volkens an unterirdischen Organen die Verhältnisse so gelagert, dass hier in allen Zellen der Schale, dort in besonderen Zellen Wasser gespeichert wird; anderwärts erhalten Wurzeln knollenartige Ausbildung zu gleichem Zwecke.

Im Jahre 1887 schloss sich an die eben besprochenen Verhältnisse noch die Arbeit von F. von Tavel an. Dort wird die Hypothese aufgestellt und an einigen Fällen illustrirt, dass gewisse Zwiebelschalen gegen den radialen Druck des lehmigen, nicht sandigen Bodens nach Art von Samenschalen mit einem Skeletpanzer versehen sind.

Schliesslich erfahren durch Volkens noch Zweckmässigkeitseinrichtungen bei der bekannten Jerichorose *Anastatica*, sowie bei *Asteriscus pygmaeus* ihre Deutung — Samenausstreuung zu der für die Keimung günstigsten Zeit; ferner sei nur noch erwähnt, dass der Fallschirm der Früchte von *Asteriscus* zweckmässiger Weise sich gerade umgekehrt verhält, als bei unserer einheimischen Flora, nämlich beim Durchfeuchten, also in der Regenperiode, sich ausbreitet!

Was die hygroskopischen Krümmungen der *Anastatica-*

Zweige anlangt, finden wir schon in der Volkens'schen früheren Arbeit (1884) das erklärende Detail dieser Bewegung. Derselbe Autor, dessen Hauptgebiet, wie wir sehen, die Vereinigung der Pflanzengeographie mit biologischen und anatomisch-physiologischen Studien ausmacht, lieferte nicht bloss im Jahre 1882 eine Anatomie wasserausscheidender Apparate, sondern später (1884) auch noch eine anatomisch-physiologische Bearbeitung der Kalk ausscheidenden Drüsen der *Plumbagineen.*

Die Funktionen dieser Drüsen definirt Volkens als verschiedene bei 3 verschiedenen Gruppen. Bei den eigentlichen xerophilen Plumbagineen wird eine förmliche Kalkdecke erzeugt, sie wirkt als Schutz gegen die Transpiration. Dagegen ist bei einer anderen Gruppe die Wasserausscheidung die Hauptsache; die Drüsen sind förmlich Ventile gegen übermässigen Wassergehalt; zu dieser Funktion tritt bei anderen Arten noch die Herausschaffung überschüssiger Kalksalze hinzu.

Weitere Beiträge zur physiologischen Pflanzenanatomie und zwar für's Erste zum mechanischen Gewebesystem lieferte das Botanische Institut in den Arbeiten von Ambronn, Westermaier, Tschirch, Moebius, Otto Klein, Preuss.

Ambronn's Untersuchungen über das Collenchym (1881) brachten in entwicklungsgeschichtlicher Hinsicht die Thatsache, dass auch dieses Gewebe analog dem Bast keine entwicklungsgeschichtliche Einheit darstelle, dass dem Collenchym eine etwas geringere absolute Festigkeit zukomme als den Bastzellen, dass aber bedeutsamer Weise zwischen der Elastizitätsgrenze des Collenchyms und seiner absoluten Festigkeit eine grosse Kluft sich befindet, wodurch dieses Gewebe vorzüglich qualifizirt ist, mechanische Stütze zu sein für ein sich noch streckendes Organ.

Verfasser dieser Zeilen beobachtete und beschrieb ein neues Organ zum Schutze des interkalaren Längenwachsthums bei der Gattung *Armeria* (1881).

So durchschlagend die hierbei gegebenen Ausführungen nach meiner heutigen Ansicht sind, so wenig stehe ich an, die in derselben Publikation (Monatsber. der Berl. Akad. „Beiträge zur Kenntniss des mechanischen Gewebesystems") gegebene Deutung eines anderen Strukturverhältnisses heute zu verwerfen.

Nachdem ich Gelegenheit hatte, einen Blüthenschaft der Gattung *Zenia* zu sehen, glaube ich, dass auch bei andern Compositen die Vergrösserung des Durchmessers unter dem Köpfchen nicht als Schutzmittel für den interkalaren Aufbau anzusprechen sei. Bei *Zenia* ist diese Bildung extrem entwickelt und stellt sicherlich einen Bewegungsapparat, eine Art Windfang dar.

In derselben Schrift behandelte ich mehrere bis dahin wohl wenig oder nicht bekannte anatomische Einrichtungen zur Erhaltung der Querschnittsform biegungsfester Organe; bemerkenswerth ist hiebei besonders der Bau der Athemhöhlen bei einigen *Eriophorum*-Arten.

Tschirch publizirte 1882 eine anatomisch-physiologische Studie über einen interessanten Spezialfall, das Blatt der *Kingia australis* R. Br. (Abhandl. des Bot. Ver. der Prov. Brandenburg 1881.)

In seiner Abhandlung vom Jahre 1884 (Pringsheim's Jahrb. Bd. XVI) lenkte Tschirch die Aufmerksamkeit auf die physiologische Bedeutung der Sklereïden, d. h. jener dickwandigen Zellen hin, welche nicht Bastzellen sind, vor Allem also der sog. Stein- oder Sklerenchymzellen. „Strebezellen" liefern z. B. Schutz gegen radialen Druck beim Austrocknen von *Hakea*-Blättern, ähnliche Verhältnisse finden sich anderweitig. In den Rinden der *dicotylen* Holzpflanzen sind sehr häufig Tangentialverbände zwischen den Bastzellgruppen eben durch „Brachysklereïden" (wie sie Tschirsch nennt) hergestellt. An Stelle dieser Brachysklereïden liegen dann da und dort wieder dünnwandige Parenchymzellen, so dass der radialen Stoffwanderung hiedurch Bahnen offen bleiben, während der sogenannte gemischte Ring selbst, wenn die Zahl der Steinzellen die der Stereïden nicht allzusehr überwiegt, für die Biegungsfestigkeit von Bedeutung ist.

Wir werden dann von Tschirch noch besonders auf die Fälle hingewiesen, wo in älteren Rinden ganze Massen von Brracheïden- oder Steinzellnestern liegen. „Wie eingestreutes Glaspulver die Guttapercha", so machen diese Nester die Rinde inkompressibler. Radiale Druckwirkungen ergeben sich nach Tschirch's Meinung einerseits in Folge des Dickenwachsthums, anderseits auch durch äussere Einflüsse, die allerdings nicht näher definirt werden.

Möbius (Pringsheim's Jahrb. Bd. XVI) gab 1885 eine Beschreibung der mechanischen Scheiden, welche die Harzgänge in *Pinus*-Nadeln und *Philodendron*-Wurzeln umhüllen, wobei insbesondere auf die oft vorkommenden Zugänge d. h. die dünnwandigen Unterbrechungen jener Hüllen hingewiesen wurde.

Otto Klein verfolgte in seiner Dissertation (1886 IV. Bd. des Jahrb. d. Kgl. Bot. Gartens etc. zu Berlin: „Beiträge zur Anatomie der Inflorescenzaxen") insbesondere die Abnahme der Biegungsfestigkeit in den Inflorescenzaxen; die centripetale Tendenz des mechanischen Gewebes geht in gewissen Fällen soweit, dass sich die Biegungsfestigkeit in den Inflorescenzaxen auf $^1/_4$ reduzirt. Die Quantitätsverhältnisse (Querschnittsgrössen) der mechanischen Elemente können hiebei sogar in einigen Fällen ein Steigen aufweisen, während die Biegungsfestigkeit in Folge der centripetalen Lagerung sinkt.

Preuss (1885) ermittelte durch Untersuchung zahlreicher Pflanzenformen, dass im Bau der Blattstiele höchst bemerkenswerthe anatomische Einrichtungen zu konstatiren sind, welche zur Erreichung der günstigsten Lichtlage führen. Zahlreiche Blätter besitzen Blattstiele mit je einem Polster am oberen und unteren Ende, die Polster sind die Bewegungsorgane. Die Hauptsache (Krümmung) leisten übrigens meistens die oberen Polster; wenige Blätter tragen nur am unteren oder nur am oberen Ende des Blattstiels ein Polster. In einem solchen Polster spielt das bekannte Collenchym als wachsthumfähiges mechanisches Gewebe natürlich die Hauptrolle, indem anderseits die typischen Bastzellen, die ja einer entsprechenden Verlängerung durch Wachsthum nicht mehr fähig sind, fehlen oder nur schwach vertreten sind.

Bei einer grösseren Kategorie von Blättern fehlt ein eigentliches Polster, die betreffenden Blattstiele verjüngen sich meist bloss ein wenig nach oben. In den einen hierzu gehörigen Fällen fehlen Bast und Libriform den Blattstielen, das Collenchym repräsentirt das mechanische Gewebe; der ganze Blattstiel ist hier im Allgemeinen befähigt, als Polster zu fungiren. Sind Bast und Libriform dagegen vorhanden, so dient der mit Bast versehene Theil mehr der Festigung, derjenige ohne Bast wesentlich der Bewegung.

Das pflanzliche Hautgewebesystem erfuhr eine Bearbeitung in anatomisch-physiologischem Sinne durch den Verfasser dieser Schrift. (Pringsheim's Jahrb. 1884.) Fussend vor Allem auf der älteren Arbeit von Pfitzer gelangte ich durch Versuch und Beobachtung zum Schlusse, dass eine Hauptfunktion der Pflanzenhaut in der Wasserversorgung bestehe. Wenn ich auf Grund dieser Studien und des schon Bekannten meine Ansicht vom Hautgewebesystem kurz formulire, so kann dies etwa so geschehen.

Der dreifachen Aufgabe des pflanzlichen Hautsystems: Schutz gegen Verdunstung, Wasserversorgung, Gewährung einer mechanisch widerstandsfähigen Hülle entsprechen die zahlreichen anatomischen Charaktere dieses Systems, die sich ebenfalls in 3 Kategorien gruppiren lassen. Insbesondere sind, um dies hervorzuheben, die dünnen Radialwände des epidermalen Wassergewebes geeignet, eine vorübergehende Collabescenz der Zellen und eine Wiederherstellung des früheren Lumens zu bewerkstelligen. Die Zellen des typischen Assimilationsgewebes besitzen eine grössere Kraft, Wasser anzuziehen und festzuhalten, als die Zellen des epidermalen Wassergewebes; letztere tragen also zu Gunsten der ersteren den Wasserverlust. Einrichtungen verschiedener Art (Wanddicke, Leistenbildung etc.) dienen der Steifigkeit des Hautgewebes, während bekanntlich Cutikular- und Korkbildung im Dienste der ersten der obigen 3 Funktionen stehen. In der anderwärts (siehe oben) erwähnten P. Krüger'schen Arbeit (1883) über die oberirdischen Vegetationsorgane der *Orchideen* finden sich Angaben, welche in verschiedener Hinsicht als Illustrationen zur Lehre vom Hautgewebesystem dienen können.

Der Leser dieser historischen Skizze möge sich nun erinnern, dass ich oben gewissermassen eine Linie gezogen habe, ausgehend vom „Mechanischen Prinzip" Schwendener's (1874) und hinführend zu Haberlandt's Physiologischer Anatomie (1884), in Gedanken fortgesetzt bis zur eventuellen zweiten Bearbeitung des letzteren Werkes. Das ist die „anatomisch-physiologische" Linie. Auf ihr liegen, aus der Schwendener'schen Schule stammend, noch eine grosse Reihe von Forschungsergebnissen, auf die ich jetzt einzugehen habe.

Schwendener selbst veröffentlichte 1881 eine für grosse Pflanzengruppen gültige Erklärung des Baues und der Mechanik des Spaltöffnungsapparats. Der durch seine Einfachheit überraschende Grundgedanke, dass z. B. eine Kautschuk-Röhre, welche auf der einen Seite eine stärkere Wanddicke besitzt als auf einer gegenüberliegenden, bei steigendem (hydrostatischem) Druck im Innern der Röhre sich so krümmen muss, dass die widerstandsfähigere Längslinie auf die konkave Seite zu liegen kommt, und die verständige Anwendung dieses Satzes auf die Anatomie und das Spiel zahlloser Spaltöffnungen, deren Schliesszellenwände im Wesentlichen nach diesem Prinzip verdickt sind, warf auf einmal Licht auf die so wichtige physiologische Frage: Wie kommt es, dass diese Pflanzen die Mündungsstellen ihres intercellularen Durchlüftungssystems selbstständig öffnen und schliessen können?

In demselben Jahre noch gab Tschirsch in seiner Dissertation eine lehrreiche Orientirung „Ueber einige Beziehungen des anatomischen Baues der Assimilationsorgane zu Klima und Standort, mit spezieller Berücksichtigung des Spaltöffnungsapparates". (Linnaea, Neue Folge B. IX Heft 3 u. 4.)

Tschirch's Arbeit ist in pflanzengeographischer Hinsicht durch reichliche Citate und in anatomisch-physiologischer Beziehung durch eine gewisse Fülle von Untersuchungsmaterial ausgezeichnet.

An Schwendener's Arbeit schloss sich später das Thema der Schaefer'schen Dissertation „Ueber den Einfluss des Turgors der Epidermiszellen auf die Funktion des Spaltöffnungsapparates" (Berlin 1887) an.

Es wird hier einmal insbesondere gegenüber Leitgeb (Mittheilungen aus dem botanischen Institut zu Graz, Jena 1886: „Beiträge zur Physiologie der Spaltöffnungen") der Einfluss der Nebenzellen und Epidermiszellen auf das Spiel der Schliesszellen auf seinen wahren Werth geprüft und gezeigt, dass für die untersuchten Fälle — bei welchen jedoch *Gramineen* nicht vertreten waren — die Schliesszellen im Leben der Pflanze selbstständig, d. h. durch ihre eigene Turgorabnahme und -steigerung sich schliessen und öffnen; die Epidermiszellen können bei Wasserzusatz wohl durch ihren Turgor die Schliesszellen an der freien Ausdehnung mehr oder weniger hindern; aber die Schliesszellen zeigen im spannungslosen Zustand in den betreffenden Fällen stets geschlossene Spalten und sind keineswegs 2 Stahllamellen zu vergleichen, welche durch die Epidermiszellen wie durch Schrauben von aussen her zusammengedrückt werden. Sehr interessant ist der von Schäfer näher studirte Spezialfall von *Azolla*, wo auffallender Weise die sonst charakteristischen Verdickungsleisten fehlen und die Spalte eine zur Richtung der Scheidewände der Schliesszellen rechtwinklige Stellung hat. Gleichgültig, ob die Scheidewände der beiden Zellen resorbirt werden oder nicht, die Drucksteigerung im Innern des Schliesszellenapparates bewirkt die kugelförmige Abrundung ohne nothwendige Querschnittsveränderung der Schliesszellen, wodurch dann die Spalte erweitert wird.

Einer speziellen anatomisch-physiologischen Behandlung bedürfen in der Zukunft noch die Stomata der *Gramineen* und der *Coniferen*. Die ersteren wurden bereits vor Kurzem durch Schwendener selbst in Untersuchung gezogen und steht die Publikation derselben bevor.

Es gehören hieher, nämlich zur physiologischen Anatomie des Durchlüftungssystems, aus dem Berl. Bot. Inst. noch Potonié's und Klebahn's Arbeiten, erstere 1881, letztere 1884 erschienen; die Klebahn'sche Untersuchung gehört zum Theil dem von Herrn Professor Stahl gelciteten Jenenser botanischen Institut an.

Potonié's Mittheilungen (Jahrb. d. Kgl. Bot. Gartens etc. zu Berlin 1881) führen die interessanten Regeln vor, nach welchen die Spaltöffnungen am Blattstiel der *Filices* vertheilt sind.

Zwei seitlich verlaufende Spaltöffnungsreihen kommen den allermeisten Farnkräutern zu; diese seitliche Lagerung ist die zweckmässigste, weil auf diese Weise das mechanische System ober- und unterseits keine Unterbrechung erleidet. Die Inanspruchnahme auf Biegung ist hier nicht eine allseitige, sondern senkrecht zur Spreite, die schief gegen den Horizont geneigt ist. Wo spezifisch mechanisches Gewebe überhaupt fehlt, oder wo sich zwischen Epidermis und Stereom Assimilationsparenchym befindet, oder endlich bei aufrechten Farnblättern findet sich hingegen eine gleichmässige Vertheilung der Stomata auf den ganzen Stielumfang.

Klebahn („Die Rindenporen", Jen. Zeitschr. für Naturwissenschaft Bd. XVII. N. F. X. Bd. 1884) ergänzte die Lehre vom Bau und der Funktion der Lenticellen bei den *Dicotylen* und *Gymnospermen*; er unterscheidet „Porenkork" in Gestalt lokalisirter Platten, ferner in den Markstrahl-Rindenporen bei gewissen Pflanzen und endlich in den Lenticellen als alleinigen oder wesentlichen Bestandtheil. Ein winterlicher Verschluss letzterer findet zwar nicht statt, aber im Frühsommer ist ihre Durchlässigkeit für Gase bei einigen Pflanzen grösser als zu anderer Zeit. Unverkorkte Zellen wirken aktiv oder anderwärts passiv als „Trennungsphelloid".

Wir gehen nun zu einem andern Gewebesystem über, dessen Kenntniss ganz wesentlich durch Schwendener vertieft wurde.

„Die Schutzscheiden und ihre Verstärkungen“, so betitelt sich seine Abhandlung vom Jahre 1882; seit Caspary's verdienstlicher Arbeit (Pringsheim's Jahrb. IV, 1864) über das fragliche Gewebesystem, dem dieser Forscher auch in richtiger Ahnung den passenden Namen „Schutzscheide“ verlieh, blieb der Stand unseres Wissens über dieses Kapitel laut dem Zeugniss unserer Lehr- und Handbücher auf ziemlich tiefem Niveau. Schwendener lehrte, dass die mechanische Widerstandsfähigkeit allen Schutzscheiden ausnahmslos zukomme, ihren Ausdruck finde zunächst in dem lückenlosen Verbande der zugehörigen Zellen, in der Verkorkung der Membranen und endlich ganz hervorstechend in den Verdickungen der Membranen. Als ein häufiger, aber nicht durchgreifender Charakter haftet den Schutzscheidenzellen die relative Undurchlässigkeit für wässerige Lösungen durch Verkorkung an. Ueber den Gefässgruppen der Wurzeln wurden Durchlassstellen für den Wasserverkehr nachgewiesen; die zarten Leptom-(Phloëm-)Stränge bedürfen eines um so stärkeren Schutzes, je grösser die Spannungen zwischen Rinde und Centralstrang sind, die durch Turgescenzschwankungen hervorgerufen werden; Pflanzen auf konstant feuchtem Boden besitzen keine verdickten Schutzscheiden, Pflanzen hingegen mit periodischem Wechsel zwischen reichlichem Wasserzufluss und anhaltender Trockenheit sind mit starken Schutzscheiden ausgerüstet. Die bekannte Wellung der Radialwände dünnwandiger Schutzscheidenzellen, von welcher die Caspary'schen dunkeln Punkte herrühren, sind nur ein charakteristisches Merkmal des mikroskopischen Bildes, d. h. sie treten normal an Schnitten auf in Folge der Turgorabnahme in den Schutzscheidenzellen. Die kutisirten Membran-Lamellen sind nämlich weniger dehnbar und daher auch weniger contraktionsfähig als gewöhnliche Cellulose, werfen sich daher im gegebenen Fall in Falten. Wie Versuche mit der abgezogenen Cutikula von *Yucca aloëfolia* lehrten, wird durch die Verkorkung eine Erhöhung der absoluten Festigkeit bewirkt.

An einen der obigen Punkte, nämlich an die Frage nach

der Ursache für die Wellung der Radialwände knüpfte sich
später (1887) noch eine kleinere Arbeit aus unserem Institute,
die Dissertation von Rimbach. Anstoss dazu gab im Wesentlichen C. v. Wisselingh's Schrift „De Kernscheede bij de
Wortels der Phanerogamen"; hier wurde nämlich die Ansicht
vertreten, dass Strasburger's Anschauung, die Verkorkung
einer Substanz sei immer mit Volumenvergrösserung derselben
verbunden, auch für die Membranpartien der Schutzscheidenzellen Geltung habe. Rimbach's („Beitrag zur Kenntniss
der Schutzscheide", Weimar 1887) Beobachtungen bestätigten
die Lehre Schwendener's, wonach die Wellung von einem
ausserhalb der Schutzscheide gelegenen Faktor abhängt, also
eine rein passive Erscheinung ist. Die Wellung bei *Elodea*
(Stengel) und in jungen (wachsenden) Schutzscheidenzellen
von Wurzeln tritt ein bei Plasmolyse der betreffenden Scheiden-
zellen. Ausgewachsene Schutzscheidenzellen dagegen erhalten
eine Wellung ihrer verkorkten Radialwände durch Kontraktion
der Wurzelrinde; bei älteren Schutzscheidenzellen kann die
Wellung sogar zu einer bleibenden Eigenschaft werden.

Im Laufe ihrer Entwickelung musste sich naturgemäss
die anatomisch-physiologische Durchforschung der Gewebe
derjenigen Frage bemächtigen, die seit einigen Jahren wieder
in Fluss gekommen ist, der Lehre vom Saftsteigen oder der
Wasserbewegung in der Pflanze.

Die nähere Verfolgung dieses Punktes lehrt uns zugleich,
dass der Begründer unserer Schule es auch verstand, angesichts einer gewonnenen besseren Einsicht die als irrthümlich
erkannte frühere Ansicht Preis zu geben. Etwa in den Jahren
1879 und 1880 vertrat und lehrte Schwendener nämlich
noch die Anschauung, es gäbe zwei Durchlüftungssysteme,
ein intercelluläres und ein tracheales, letzteres sei repräsentirt
durch die Gefässe und Tracheïden. Auch im „Mechanischen
Prinzip" wird dieser Ansicht noch Rechnung getragen.

Als jedoch Volkens, ein Angehöriger unserer Schule, im
Berliner Botanischen Institut 1881 Untersuchungen nebst

Beobachtungen im Freien angestellt hatte, da wurde auch in den Ansichten des Lehrers ein Umschwung eingeleitet, indem hiermit der zeitweise Wassergehalt der Gefässe vielfach konstatirt ward. (Böhm, welcher übrigens schon früher die Gefässe als wasserführende Elemente betrachtete (vgl. Botan. Zeit. 1879), war mit dieser richtigen Ansicht leider nicht durchgedrungen.)

Beiträge zur Förderung dieser Frage lieferten aus unserem Berliner Institut nebst Volkens noch A. Zimmermann, der Verfasser vorliegender Schrift, ferner Lietzmann; in gewisser Beziehung hierzu stehen die Dissertationen von Paul Schulz, Krah und Gnentzsch. Das Wesentlichste aber über den gegenwärtigen Stand der Theorie der Wasserbewegung finden wir in Schwendener's eigener Abhandlung vom Jahre 1886: „Untersuchungen über das Saftsteigen". Obwohl dieselbe später erschienen, als andere der erwähnten Arbeiten, kann doch zweckmässig an ihren Inhalt unsere ganze Besprechung sich anschliessen.

Die Vorstellung von Sachs von der enormen Beweglichkeit des Imbititionswassers wird — abgesehen davon, dass diese Beweglichkeit nie beobachtet wurde — zurückgewiesen, indem ein gemeinsames Gesetz die Bewegung des Wassers in Capillarsystemen und imbibirten Membranen beherrscht: die Reibung von Wasser an Wasser erzeugt um so grössere Widerstände, je kleiner die Kanäle sind.

Weitere wichtige Punkte aus obiger Abhandlung Schwendener's sind einmal der Beweis, dass das Vorhandensein kontinuirlicher Wasserfäden in den Hohlräumen des Holzkörpers die Ursache der erheblichen Durchlässigkeit desselben für Wasser ist, und dass im Gegensatz hierzu das Dasein einer sog. Jamin'schen Kette eine grosse Unbeweglichkeit der Wassertropfen mit sich bringt. Luftblasen kommen thatsächlich neben Wassersäulen vor (gegen Scheit!). Nach Zimmermann („Ueber die Jamin'sche Kette". Ber. d. Deutsch. Bot. Ges. 1883) wäre der Widerstand der beiden Menisken eines Wassertropfens in der Jamin'schen Kette $\frac{1}{4}$—$\frac{1}{6}$ der Capillarkraft;

nach Schwendener allerdings erheblich geringer. — Transpirirt die Krone eines Baumes, so greift die dadurch erzeugte Saugwirkung voraussichtlich nur selten über die Basis der Krone herab.

Fragt man, wie weit die osmotische Saugung in einer Reihe lebender Zellen bei Wasserverlust an einem Ende der Zellreihe sich erstreckt, so ergeben sich nach meinen letzten Versuchen nur Grössen von einigen Centimetern.

Schwendener tritt am Schlusse seiner oben citirten Abhandlung im Allgemeinen für die von mir seiner Zeit (1883 und 1884) vertretene Ansicht ein, dass ein Zusammenwirken der lebenden Zellen (Holzparenchym und Markstrahlen) mit den todten Elementen des Holzkörpers (Gefässen und Tracheïden) die Wasserbewegung bedinge; jedoch gerade aus Schwendener's Darlegungen geht auch anderseits evident hervor, dass eine befriedigende Lehre vom Saftsteigen gegenwärtig noch nicht gegeben werden könne.

Zimmermann lieferte eine auf Berechnung fussende Kritik der Böhm-Hartig'schen Theorie (1883), sowie weiterhin eine solche der Godlewski'schen Wasserbewegungstheorie (1885). (Beides in den Ber. d. Deutsch. Bot. Ges.) Godlewski's Abhandlung war übrigens schon aus dem Grunde höchst beachtenswerth, weil der Autor, obschon früher der Sachs'schen Schule angehörend, doch radikal mit der sog. Imbibitionstheorie bricht. Sein Grundgedanke ist gleichfalls: Zusammenwirken von lebenden Zellen und todten Röhren; Godlewski betont in deutlichster Form die Priorität des Verfassers dieser Zeilen rücksichtlich der Aufstellung dieser Idee, von der auch Godlewski glaubt, sie werde die Basis für die künftige Saftsteigungstheorie. Jedoch gelang es, wie schon angedeutet, weder ihm noch mir, eine theoretisch und experimentell durchgeführte endgiltige Erklärung des Problems zu geben. — Schliesslich muss hier noch bemerkt werden, dass schon durch Godlewski in überzeugender Weise das Unhaltbare der Böhm'schen Vorstellung von einer „Saugwelle" dargethan wurde, die sich von oben bis in die Wurzelspitzen fortpflanzen soll;

ähnlich wird auch Robert Hartig's Lehre vom Saftsteigen einer scharfen Kritik unterzogen und endlich findet sich bei Godlewski bereits die richtige Deutung des alten Versuches von Theodor Hartig.

Diese Bemerkungen zu Godlewski's Abhandlung mögen den Verfasser vor dem Vorwurf schützen, den Leistungen des genannten Autors, deren Hervorhebung ja nicht hierher gehört, pro domo Abbruch gethan zu haben.

Auf einige noch zur vorliegenden Frage gehörige Punkte zurückkommend, erinnere ich einerseits an das anatomische Verhalten der Markstrahlzellen, wie es Paul Schulz in seiner Dissertation (1882) dargelegt hat, wonach nicht bloss bei Coniferen-, sondern auch bei Dicotylen-Hölzern den Markstrahlzellen an ihren den Gefässen oder Tracheïden zugekehrten Wänden besonders ausgeprägte Poren zukommen; auch besitzen bei einigen Pinus-Arten die Tracheïden an der Berührungsstelle des Markstrahls versteifende Querbalken. Solche Strukturgebilde in Tracheïden hat übrigens Sanio schon 1863 (Bot. Ztg. p. 117) beschrieben! Anderseits finden wir in Krah's Dissertationsschrift und in der ersten Doctorarbeit, welche aus dem Berliner Botanischen Institut hervorging — deren Verfasser J. Troschel (1879) ist — Belege für die Zusammengehörigkeit der Holzparenchymzellen und des Markstrahlengewebes zu einem einzigen System und für die vielfache anatomische Wechselbeziehung zwischen diesem System mit den trachealen Elementen.

In den letzteren Fällen besassen die Verfasser selbstverständlich an älteren Untersuchungen, insbesondere an denjenigen des ausgezeichneten Anatomen Sanio ausgiebige Vorarbeiten. Aehnliches gilt von Gnentzsch (1888), dessen Untersuchungen wesentlich ergaben, dass die trachealen Elemente successiver Jahrringe oft in vielfacher Berührung mit einander stehen.

Auf einem ganz neuen Gebiete dagegen befand sich Lietzmann (Flora 1887) mit seinem Arbeitsthema. Bedeutsam und im Widerspruch mit der bisherigen Ansicht war auch sein Ergebniss: die feuchte (mit Wasser imbibirte) Zellenmembran ist für atmosphärische Luft in höherem Grade permeabel als die trockene.

Am Schluss dieser Besprechung des Problems des Saftsteigens können wir uns zusammenfassend also ausdrücken: Die Kernfrage spitzt sich so zu, dass gesagt werden kann, bei hohen Bäumen liege zwischen Krone und Wurzelsystem ein Stück Stamm, das weder von der Saugung von oben her, noch von der Pressung von unten her erreicht wird. In dieser Partie kann das Wasser nur durch Kräfte steigen, die in eben diesem Stammtheil selbst ihren Sitz haben und noch näher zu erforschen sind.

Zur Erweiterung unserer Kenntnisse über die Nährstoff leitenden Elemente theils nach anatomischer, theils nach physiologischer Seite hin lieferte Schwendener selbst „Beobachtungen von Milchsaftgefässen“ (1885); schon 1882 vollendete Schullerus im hiesigen Institut die in Tübingen unter Pfeffer begonnene Untersuchung über „die physiologische Bedeutung des Milchsaftes von Euphorbia Lathyris L.“. Hiezu kommen dann Instituts-Arbeiten über Leitbündel und ihre Elemente von Reinhardt, Potonié und dem Verfasser dieser Zeilen.

Fasse ich mich kurz, so sei vorerst aus Schwendener's Abhandlung in Erinnerung gebracht, dass man guten Grund hat, als die Kraftquelle für die Bewegung des Milchsaftes in den dickwandigen Milchröhren gewisser Euphorbien die elastische Spannung der Röhrenwand selbst zu betrachten, während der Druck bei den dünnwandigen vorzugsweise vom turgescenten Parenchym ausgeht. Die dickwandigen Hauptröhren lassen nämlich in ihrer Umgebung deutliche luftführende Gänge oder Lücken beobachten, was bei den zartwandigen nicht der Fall ist. Die dicken Wände der ersteren besitzen eine auffallende Dehnbarkeit (bis 25 %). Versuche rücksichtlich der Festigkeit in der Längsrichtung ergaben in Anbetracht der Weichheit des Materials immerhin ein Tragvermögen von 3,38 Kilo pro ☐ Millimeter. Die Frage nach der physiologischen Bedeutung der Kautschuk- oder Harzkörnchen (2—4 Mik. grosser Kügelchen) will Schwendener noch nicht definitiv beantworten. Für *Euphorbia Lathyris* bezeichnet Schullerus 1882 den Milchsaft in seiner Gesammtheit als Bildungssaft, der aber die Rolle eines Reservestoffes nie übernehmen kann. Das Wachsthum der Milchröhren letztgenannter Pflanze ist nach Schullerus ein gleitendes aktives; Anastomosen fehlen (contra Schmalhausen); gegenüber Schmalhausen behauptet ferner Schullerus, dass auch in die Nebenwurzeln Milchröhrenzweige hineinwachsen.

Schwendener selbst war zwar, wie ich weiss, vom Gesammtergebniss seiner eben erwähnten Arbeit über die Milchröhren nicht besonders befriedigt; aber wir erkennen in dem wenigen Angeführten trotzdem einen unzweifelhaften Fortschritt únseres bisherigen Wissens über den Gegenstand.

Zu den anderen die Leitorgane betreffenden Mittheilungen aus unserem Institut übergehend, kann ich mich in Beziehung auf meine in München unter Nägeli begonnene, in Berlin beendete Arbeit über das markständige Bündelsystem bei den *Begoniaceen* hier auf die Bemerkung beschränken, dass die hier gegebenen Schilderungen über den Gefässbündelverlauf der bekannten Nägeli'schen Methode entsprechen.

In meiner 1887 publizirten Mittheilung, die hauptsächlich den Gerbstoff betraf, sah ich mich veranlasst, für das Mestom (Leitbündelgewebe excl. Stereom) eine Dreitheilung vorzuschlagen: 1) in Siebröhren sammt Geleitzellen (u. Cambiform) — Leptom (nach Haberlandt); 2) in das Tracheom (Troschel); 3) in das Amylom (Troschel), welches letztere die Stärke, Gerbstoff oder ähnliches führenden Zellen umfasst, die nicht dem „Xylem" allein, sondern auch dem „Phloëm" meist (oder immer?) zukommen.

Einen kleinen Beitrag zur physiologischen und anatomischen Kenntniss des Haberlandt'schen „Hadroms" lieferte ich 1884 („Untersuchungen über die Bedeutung todter Röhren etc." Sitz.-Ber. d. Berl. Akad.) in meiner Mittheilung, hauptsächlich das Saftsteigen betreffend. Dort wurde nämlich auf die Thatsache hingewiesen, dass die „Carinalhöhlen" in *Equi-setum*-Leitbündeln, sowie die bekannten Intercellulargänge im Xylem mancher Wasserpflanzen (z. B. *Butomus umbellatus)* jedenfalls zeitweise Wasser führen und von dünnwandigen Zellen begleitet sind, vergleichbar den von Holzparenchym begrenzten Gefässen.

E. L. Gregory untersuchte in unserm Institut zahlreiche *Dicotylen*-Familien in Beziehung auf das Fehlen und Vor-kommen behöftporiger und unbehöft-poriger Libriformzellen (Bulletin of the Torrey Botanical Club New-York. Vol. XIII. 1887 p. 197).

Hier schalte ich noch ein Zimmermann's kleine Erst-lingsarbeit „Ueber das Transfusionsgewebe" (1880). Sie hat ein gewisses historisches Interesse insofern, als dort auch noch der später ganz verlassene Standpunkt vertreten wird, die Gefässe und Tracheïden als der Durchlüftung dienend an-zusehen. Es geht aus jener Untersuchung hervor, dass man es bei den Transfusionszellen nicht mit normalen behöften Poren zu thun hat; allein es ist auch gegenwärtig noch nicht möglich, eine bestimmte Ansicht über dieses Gewebe in anatomisch-physiologischer Richtung auszusprechen.

In innigem Contakt mit unserem Institut entstand auch die Abhandlung von Potonié „Ueber die Zusammensetzung der Leitbündel der Gefässkryptogamen" (Jahrb. d. Kgl. Bot. Gartens etc. Bd. II. 1883). Hier wird eine anatomische Analyse eines Leitbündels gegeben, wie es den meisten der hieher gehörigen Wurzeln, auch den Stämmen der *Polypodiaceen* zukommt. Im Gegensatz zu der noch in den Lehrbüchern verbreiteten Lehre, dass in diesen Bündeln das Phloëm um das Xylem herumliegt, ist hiernach die Sachlage eine andere. Denn ein Theil des „Amyloms" umschliesst das eiweiss-leitende Gewebe sammt dem übrigen Amylom und den ge-fässartigen Elementen. Die Elemente des Amyloms sind untereinander in Verbindung, d. h. sie bilden ein System. Es empfiehlt sich gerade auch mit Rücksicht auf diese Fälle die oben von mir erwähnte Dreitheilung.

Im Jahre 1885 gab Reinhardt (Pringsheim's Jahrb. XVI) das Resultat einer anatomischen Untersuchung in die Oeffentlichkeit, in welcher die Frage gestellt wurde, wie es sich bei einer Anzahl sog. anomal gebauter Monokotylenwurzeln aus den Abtheilungen der *Scitamieen* und *Spadicifloren* mit dem Verkehr resp. mit der anatomischen Verbindung zwischen den durch mechanische Zellen getrennten Hadrom-Strängen einerseits untereinander und anderseits mit dem Leptom verhalte.

Die Antwort lautete: Eine Verbindung vermittelst Holzparenchyms besteht nicht, dagegen eine solche durch Grundgewebe bei den *Pandanaceen;* Anastomosen zwischen Hadrom-Strängen sind nicht selten, solche zwischen Leptom-Strängen weniger häufig; zwischen Leptom und Hadrom wird bei den *Musaceen* und anderen durch Lücken im Stereom der Verkehr ermöglicht. Endlich wird aber auch eine Reihe von Fällen aufgezählt, in denen Hadrom-Stränge, und solcher, in denen Leptom-Stränge ganz isolirt in der Wurzel verlaufen.

Ich gehe über zu einigen kleineren Beiträgen zur Anatomie und Physiologie der Blattorgane, wie solche aus unserem Institut geliefert wurden durch Hassack, Staby, Loebel, Grüss, Oskar Schultz und R. Hintz.

Hintz (1888) widmete sich mit grossem Fleisse dem Studium des Blattrandes, insbesondere rücksichtlich seines mechanischen Schutzes gegen Einreissen. Da Haberlandt diesem Punkt schon seine Aufmerksamkeit in seiner „physiologischen Pflanzenanatomie" schenkte, so ward Hintz die Aufgabe, in diesem aufgeschlossenen Gebiet mehr in die Breite zu arbeiten. Zu dem wesentlich vorherrschenden mechanischen Bauprinzip des Blattrandes tritt als untergeordnetes Moment, das aber ebenfalls in der Beurtheilung der fraglichen Strukturen zu beachten ist, die Rücksichtnahme auf die Wasserversorgung hinzu.

Die den Blattrand einnehmenden Epidermiszellen nähern sich durch Dickwandigkeit und Zellform (Streckung parallel mit dem Rand) mehr oder weniger den Elementen des mechanischen Gewebesystems; fast überall nehmen beispielsweise die Epidermisaussenwände von der Spreite gegen den Rand hin an Dicke zu; andere Blattränder zeigen dicke Aussen- und Innenwände in ihren Epidermiszellen. Membranverstärkungen im Chlorophyllparenchym des Blattrandes wurden ebenfalls beobachtet; hingegen dient ausschliesslich der mechanischen Verstärkung des Blattrandes in gewissen Fällen ein kollenchymatisches subepidermales Gewebe. Als Extrem der hier in erster Linie in Rede stehenden Strukturverhältnisse figuriren natürlich die mit starken Stereomsträngen versehenen Blattränder; aber auch bei ihnen sind dem Wasserverkehr zwischen den Elementen des epidermalen Wassergewebes selbst immer noch gewisse Einrichtungen dienstbar. In ausgewählten Fällen sind die den Blattrand einnehmenden Zellen (*Rajania Brasiliensis*, *Testudinaria Elephantipes*) nicht zu einem mechanischen, sondern zu einem Wasserspeicherapparat ausgebildet.

Eine kleine bescheidene Ergänzung zu Haberlandt's „Vergleichender Anatomie des assimilatorischen Gewebes der Pflanzen" vom Jahre 1881 lieferte Otto Loebel (1888). Der eine Punkt erscheint mir erwähnenswerth, dass den breitblättrigen *Allium*-Arten (*ursinum* L. und *Victorialis* L.) mit weiter auseinander stehenden Leitbündeln parallel zur Blattfläche und senkrecht zu den Leitbündeln stehende Assimilationszellen zukommen, während z. B. *Allium Cepa* im Allgemeinen normale Palissadenzellen besitzt; hier liegen die Leitbündel einander näher — der Auswanderung der Assimilate auf kürzestem Wege erscheint also gerade die angegebene Verschiedenheit des Baues günstig.

Grüss verglich (1885) Knospenschuppen von *Coniferen* anatomisch und fand, dass die sehr weit nach Norden reichende *Picea obovata Ledeb.* besonders sklerotischen Bau in diesen Organen aufweist; die gleichfalls nördliche Form *Abies sibirica Ledeb.* sondert ungewöhnlich viel Harz als Knospenmantel ab; den südlicheren Formen der Tanne und

Fichte scheint hingegen aus anatomisch-physiologischen Gründen, die allerdings noch nicht klarliegen, jedenfalls die Erscheinung der Sklerose entbehrlich zu sein; in ähnlicher Weise fand sich die Knospenschuppen-Epidermis bei *Pinus Cembra L.* am stärksten, diejenige von *P. excelsa Wall.* am schwächsten sklerotisirt.

Bei derartigen Studien macht sich bekanntlich immer als grösste Schwierigkeit der Umstand geltend, dass uns trotz Literaturangaben über Standorte die klimatischen Verhältnisse sowohl ihrer Natur nach als auch in ihren Wirkungen viel zu wenig bekannt sind.

Als eine Arbeit, die vom Verfasser wie auch die vorige, einen zu frühzeitigen Abschluss erhielt, stellt sich die 1888 erschienene Dissertation von Oskar Schultz dar. Das immerhin beachtenswerthe Ergebniss, dass bei den *Polygonaceen* mit mechanisch verstärkten Ochreen (es handelt sich nämlich um eine vergleichende physiologische Anatomie der Neben- blattorgane) das interkalare Längenwachsthum des umhüllten Sprosses länger dauert als bei den Ochreen ohne mechanische Zellen, erscheint ganz annehmbar, hätte aber doch wohl noch weiterer Erhärtung bedurft.

In einer übersichtlichen Arbeit gab Hassack (1886 Bot. Centralblatt Bd. XXVIII) eine Darstellung der anatomischen Ursachen der weissen, gelben, graugrünen und silberweissen Stellen der Blätter, sowie der rothen und braunen Färbungen und des Sammetglanzes derselben, wobei begreiflicher Weise in mancher Hinsicht auch auf bereits Bekanntes hingewiesen werden musste.

Ein dankbares Thema, Studien über den Blattnarben- verschluss nach Abfall der Blätter, war Staby zugefallen, und erfuhr dasselbe durch ihn auch eine geschickte Bear- beitung (Flora 1886). Es muss übrigens betont werden, dass Staby's Arbeit im Wesentlichen eine Fortsetzung der unter Professor Frank ausgeführten Untersuchung von F. Temme war (Ber. d. Deutsch. Bot. Ges. 1884).

Aus Staby's Arbeit entnehme ich als neu, dass das

Gummi, welches (allein oder in Verbindung mit Thyllen) die Gefässe verstopft, als provisorischer Verschluss dient; nach 1 oder 2 Jahren wird es durch Periderm ersetzt; dass ferner bei den Baumfarnen die Vernarbung durch Eintrocknung der Wundfläche erfolgt. Staby macht am Schluss seiner Arbeit darauf aufmerksam, dass der Blattspurstrang eines in die Dicke wachsenden Baumes im Laufe der Vegetation drei Mal zerrissen wird, erstens bei der Ablösung des Blattes, dann durch die sich entwickelnde Peridermschicht und zum dritten Mal durch das secundäre Dickenwachsthum des Stammes. Hierzu ist zu bemerken, dass nach Markfeldt, von dessen Untersuchung an einer anderen Stelle dieser Schrift die Rede ist, bei gewissen Pflanzen (*Abies excelsa, Taxus baccata, Ilex*) noch öfteres Zerreissen eintritt.

In den ersten Jahren nach Erscheinen des „Mechanischen Prinzips" (1874), als der Anspruch noch nicht erhoben werden konnte, dass die neue Lehre in Fleisch und Blut der Pflanzenanatomen übergegangen sei, bearbeitete Kamieński unter de Bary die *Primulaceen* vergleichend-anatomisch. Das Ergebniss dieser Arbeit entsprach Schwendener so wenig, dass derselbe Anfangs beabsichtigte, selbst eine neue Bearbeitung dieser Familie vorzunehmen, und alsbald einem seiner Schüler (dem Verfasser dieser Zeilen) dieses Thema überliess.

In meiner diesbezüglichen Abhandlung (Monatsber. der Berl. Akad. 1881) wies ich darauf hin, dass man nicht blindlings morphologisch gleichwerthige Organe anatomisch vergleichen dürfe, vielmehr beim Vergleich physiologisch gleichwerthige Organe zu Grunde legen müsse, z. B. diejenigen oberirdischen Organe, die sich selbst tragen müssen; als anatomischen Grundzug der auf Biegungsfestigkeit beanspruchten Stammorgane der *Primulaceen* stellte ich den Besitz eines Bastringes mit innenseitig anliegenden Leitbündeln auf. Nach Kamieński's Ansicht hingegen sollte der anatomische Bau für diesen Formenkreis (Primulaceen) die Verwandtschaft nicht zum Ausdruck bringen. Wird in dem Kamieński'schen

Werk auch auf das grundlegende Buch, das „Mechanische
Prinzip" hingewiesen, so fehlte doch sichtlich ein eigentliches
Verständniss desselben; die Frage nach dem Werthe der anatomischen Merkmale wurde von Schwendener an verschiedenen
Stellen seines Buches gestreift, und zwar immer in dem Sinne,
dass der Anatomie gegenüber dem Blüthenbau noch viel zu
wenig Bedeutung für die Systematik beigemessen wird. Die
vergleichend anatomische Methode, welche hier anzuwenden
ist, muss aber mit der Kenntniss der Funktionen der Gewebe
auf's engste verknüpft sein; das liess Kamieński ausser Augen.
Es mag übrigens hier auch im Anschluss an das Gesagte bemerkt werden, dass bei vergleichend anatomischen Untersuchungen für systematische Zwecke die Lücken der physiologischen Anatomie sich immer noch fühlbar machen. Denn
eine Folgerung über Verwandtschaft, welche z. B. aufgebaut
wird auf Strukturverschiedenheiten, die von noch unbekannten
physiologischen Momenten beherrscht werden, eine solche
Folgerung kann natürlich ebenfalls nur eine unsichere sein.
Je umfassender und gründlicher unsere Kenntnisse von der
Funktion der einzelnen Gewebearten sich gestalten, um so
bestimmter kann für ein gegebenes Strukturverhältniss dessen
systematischer Werth beurtheilt werden; jedoch ist, wie von
Schwendener kürzlich (1887) in seiner Rektorats-Antritts-
rede hervorgehoben wurde, schon jetzt solchen Studien die
äusserst wichtige Prognose zu stellen: der Stammbaum der
Reproduktionsorgane wird nicht übereinstimmen mit
demjenigen der anatomischen Diffenzirung. Ich füge
dem hinzu, dass in Folge dieser Sachlage die vielgerühmte
„Natürlichkeit" unseres Pflanzensystems für Gegenwart und
Zukunft ein sehr schwankender Begriff wird, zum Mindesten
hinsichtlich der Dicotylen. Phylogenetisches Blech lässt sich
allerdings auch aus dem Material schlagen, welches die Anatomie aus der Systematik herausbefördert; allein mit Blech
errichtet man keinen dauerhaften Bau.

Zu dem Kapitel, bei dem wir eben stehen, „Anatomie
im Dienste der Systematik" gehört auch eine Arbeit unseres

Instituts vom Jahre 1886 von Amandus Born. Besehen wir uns seine Resultate etwas näher.

„Auf Grund der Anatomie des Stengels ist es nicht möglich", sagt Born rücksichtlich der *Scrofulariaceen* untereinander, „weder die Eintheilung, wie sie Bentham und Hooker geben, zu bestätigen, noch eine neue aufzustellen."

Für die *Labiaten* gegenüber den *Scrofulariaceen* kann allenfalls der Besitz der Collenchymstränge als anatomischer Unterschied angeführt werden. Zwischen den *Solanaceen* einerseits und den beiden vorgenannten Familien anderseits besteht nach Born anatomisch eine grosse Kluft, die keineswegs durch die *Salpiglossideen* überbrückt wird.

Von anderem Gesichtspunkte geleitet, nämlich wiederum vom anatomisch-physiologischen, unternahmen Ambronn und ich 1881 ebenfalls eine vergleichend anatomische Untersuchung, die sich auf Angehörige der verschiedensten Familien erstreckte, welchen aber gemeinsam die schlingende oder kletternde Lebensweise zukam. Wir machten auf die ihnen gemeinsamen, übrigens meist bekannten anatomischen Züge aufmerksam und versuchten dieselben in Wechselbeziehung zu ihrer Lebensweise zu setzen. In Anbetracht dessen, dass wir rein spekulativ vorgingen, ohne irgend welche experimentelle Stützen heranzuziehen, mag das Resultat unserer Arbeit ein nicht unbefriedigendes genannt werden. [Crüger (auf Trinidad) war bereits früher — 1850 und 1851 — in ähnlicher Richtung vorgegangen.] Es zieht sich übrigens noch durch diese unsere Arbeit der Irrthum, dass die Gefässe der Luftleitung dienen. Um Einiges anzuführen aus unseren dort aufgestellten Hypothesen, bemerke ich, dass die grossen Gefäss- und Siebröhren-Durchmesser, die longitudinal stark entwickelten Markstrahlen mit dem gesteigerten Leitungsbedürfniss in Beziehung gesetzt wurden, desgleichen das Bestreben, die Phloëmgruppen in feste Hüllen einzukammern. Das Zurücktreten der Ansprüche auf Biegungsfestigkeit bei der schlingenden und kletternden Pflanzengruppe und die auftretenden Anforderungen einer Zugfestigkeit beleuchten, wie das seiner Zeit übrigens von

Schwendener dargelegt wurde, die zu beobachtende centripetale Tendenz der mechanischen Elemente.

Mein College Ambronn hatte sich schon kurz vorher (1880) zu einer kleinen gemeinsamen Publikation mit mir verbunden. Hierbei beschrieben wir das Verhalten der Wurzeln von *Azolla caroliniana*, wie dieselben selbstständig durch ihre Wurzelhaare der Wurzelhaube sich entledigen und dann ein ähnliches Organ zur Nahrungsaufnahme darstellen, wie es der *Salvinia natans* als Wasserblatt eigen ist. Martius (Icon. sel. plant. crypt. Bras. 1827—34.) bemerkte übrigens auch schon, dass die Wurzeln der von ihm beschriebenen *Azolla*-Art in ihrer frühesten Jugend eine Wurzelhaube besitzen. Das Abwerfen der Wurzelhaube ist hier nicht bloss als Entfernung eines unnöthig gewordenen Organs, sondern als eine dahin zielende zweckmässige Einrichtung aufzufassen, die Wurzel mit ihren Wurzelhaaren zur Flüssigkeitsaufnahme möglichst gut zu qualifiziren. (Die eben genannte kleine gemeinsame Veröffentlichung, die ich hier einzuschalten mir erlaubte, findet sich in den Abhandl. d. Bot. Ver. d. Prov. Brandenb. Bd. XXII.)

In das Gebiet der mehr spekulativen und daher etwas unsicheren physiologischen Anatomie gehört auch ein noch von mir 1881 publizirter Versuch, einen „abnormen" Dikotylentypus physiologisch zu deuten, und in derselben Richtung bewegte sich der zweite Theil meiner Begoniaceenarbeit vom Jahre 1879 („Flora"). In letzterer gelangte ich zu der Aufstellung, dass Markbündel mit verschwindenden Ausnahmen nur denjenigen *Begoniaceen* zukommen, welche mit Knollen oder Rhizomen überwintern, sowie denen, deren Stammdicke 1,4 cm und darüber im Durchmesser erreicht; bei ersteren sei diese Erscheinung auf das gesteigerte Leitungsbedürfniss in der Zeit des „Einziehens" zurückzuführen; bei den dickstämmigen könne die centripetale Tendenz der leitenden Elemente deshalb zum Ausdruck kommen, weil bei ihnen das Streben der Mestomstränge, durch Anlehnen an die peripherischen mechanischen Elemente Schutz zu gewinnen, bei ihrer grösseren Starrheit und Unbeweglichkeit schwächer sei als bei dünneren, eine Erklärung, die mich heute keineswegs befriedigt, wenn ich auch keine andere zu geben weiss.

Bezüglich der *Campanulaceen*, welche Gegenstand meiner oben gelegentlich der *Primulaceen*-Anatomie citirten Arbeit vom Jahre 1881 waren, kam ich auf die Regel, dass das Vorkommen innerer Stränge nie zu beobachten sei bei jenen *Campanula*-Spezies, welche bei geringer Höhe entschieden armblüthig seien. Denjenigen Arten, welche die in Rede stehende Eigenthümlichkeit besitzen, kommt, so folgerte ich weiter, das Merkmal eines grösseren Blüthenreichthums, und zwar einander meist gruppenweis genäherter Blüthen zu, sowie ausserdem oft eine beträchtliche Höhe. Die „Anomalie" würde also einerseits zur Vermehrung der eiweissleitenden Elemente dienen, anderseits zur Erhöhung der Biegungsfestigkeit.

Von ganz ähnlichen Ideen geleitet, wie meine vorstehenden Untersuchungen, war diejenige von Heinricher aus dem Jahre 1883, in welcher derselbe für das rindenständige Bündelsystem der *Centaureen* als physiologischen Hintergrund die reichliche Entwickelung von Assimilationsgewebe im Stengel aufstellte. Ferner findet hier die Orientirung von Xylem und Phloëm (streng genommen Hadrom und Leptom) seine physiologische Deutung im Hinweis auf das Schutzbedürfniss des zartwandigen Phloëms. (Ber. d. Deutsch. Bot. Ges. 1883.)

Wir nähern uns dem Schluss der unserem Institut entstammenden Arbeiten, soweit sie in's grosse anatomisch-physiologische Gebiet einschlagen. Der Dissertation von Gehrke (1887), welche „Beiträge zur Kenntniss der Anatomie von Palmenkeimlingen" enthält, kann man wohl das Urtheil nicht verhehlen, dass sie sich zu wenig aus den Fussstapfen ihres Vorläufers herausgearbeitet hat. (Dieser Vorläufer ist Firtsch, ein Schüler Haberlandt's.)

E. Goebeler liess sich's sehr angelegen sein, die Schutzvorrichtungen am Stammscheitel der Farne in seiner Dissertation zu beleuchten (Flora 1886). Derselben entnehme ich nur Folgendes: Ein Schopf aus lebenden Trichomen kann bei der Fülle der gebotenen Feuchtigkeit im Frühjahr sogar noch zur Erhöhung der Transpiration beitragen, aber beim Eintritt der trockenen Jahreszeit sterben die äusseren Schuppen ganz oder im oberen Theil ab und bilden dann einen schützenden Mantel gegen Verdunstung. Anderseits wird Wasser aufgenommen, aufgesogen von den lebenden dünnwandigen Zellen an der Basis der breit inserirten Trichome; bei *Platycerium alcicorne* wirken Spreuschuppen und Sternhaare zusammen gegen Transpirationsverluste und in der Wasseraufsaugung. Hie und da ersetzt dickwandige Beschaffenheit der Trichome die Vielzahl dünnwandiger. In flüssigem und gasförmigem Zustande wird Wasser aufgenommen von den an den Trichomen sitzenden Schlauchdrüsen; als noch wichtiger erscheint aber wohl der Umstand, dass Schleim in Folge starker Quellung aus den Schlauchdrüsen austritt und — wenigstens bei *Aspidium filix mas* — durch Eintrocknen und chemische Umwandlung eine solide Kappe über dem Stammscheitel bildet, die, wie Goebeler angibt, schon von Hofmeister beschrieben und erklärt wurde. Der Trichomschopf wird auch als mechanischer Schutz angesprochen und schliesslich ausgeführt, wie durch die Erfüllung der abgestorbenen dickwandigen Trichomzellen mit Luft und Erzeugung einer Decke aus abwechselnden Luft- und Zellhautschichten ein Schutz gegen schädliche Temperaturschwankungen dargeboten sei.

Eine rein anatomische Arbeit, die in ihrem Gegenstand dem Beruf des Verfassers entsprach — Beiträge zur Anatomie der Senegawurzel von Otto Linde, Apotheker (1886) — enthält Angaben über diese interessante Droge, welche auch über das von den neuesten Forschern de Bary, Flückiger Gesagte verbessernd hinausgehen. Den für die richtige Auffassung wichtigen Umstand, dass auf derjenigen Seite der Wurzel, wo die sekundäre Rinde wenig entwickelt ist, zwischen letzterer und den breiten Markstrahlen das Cambium durchziehe, haben die früheren Beobachter nicht oder ungenügend beachtet.

Das Jahr 1882 brachte aus der Feder Tschirch's (Pringsheim's Jahrb. 1882 Bd. XIII) anatomisch-physiologische Studien betreffend den Einrollungsmechanismus von Grasblättern, eine Erscheinung, deren Bedeutung im Schutz gegen übergrosse Verdunstung liegt; es handelte sich nämlich besonders um Steppengräser. Die wesentlichsten Ergebnisse dieser Arbeit lehren, dass bei *Oryza clandestina*, *Sesleria coerulea* etc. die Blätter nur im frischen Zustande, d. h. so lange die Zellen leben, die betreffenden nützlichen Bewegungen zeigen, während dies bei *Macrochloa tenacissima* und anderen auch noch am todten Material durch Befeuchten und Austrocknen hervorzurufen ist. Im ersteren Falle sind es nämlich Turgescenzänderungen nicht näher bestimmter lebender Zellen, welche jedenfalls betheiligt sind an der Bewegung; im zweiten Fall dagegen liegt in dem stärkeren Quellungsvermögen der inneren Bastzellschichten (resp. ihrer Membranen) die bewegende Kraft.

Eine gewisse Gruppe von Arbeiten aus dem Berliner Botanischen Institut bezog sich auch auf die physiologische Anatomie der zur Fortpflanzung und Keimung dienenden Organe. Sie könnten zum grossen Theil auch als zur „Physiologie der Fortpflanzung" schlechtweg gehörig bezeichnet werden. Hier sind Schrodt, Marloth, Zimmermann, Eichholz und Ebeling zu nennen.

Schrodt („Flora" 1885) fand die Ursache des Umrollens der untersuchten Antherenwände darin, dass in der fibrösen Schicht die fast gleichmässig verstärkte Lokularwand bedeutend weniger sich kontrahirt, als die dünnen Partieen der Radialwände, welche sich eben bei der Reife verkürzen, während die in ihnen enthaltenen Verdickungen als Hebelarme wirken.

Die Bewegungserscheinungen des Annulus von *Scolopendrium vulgare* beim Trocknen und Befeuchten werden ganz ähnlich erklärt: „indem eine dünne, halbcylindrische Membran sich stärker zusammenzieht, als die verdickte Innenwand dieser Zellen". Wiederum wirken die verstärkten Radialwände als Hebelarme. Hiermit ist jedoch dieser Punkt nicht erledigt.

Die 2. Veröffentlichung Schrodt's (Ber. d. Deutsch. Bot. Ges. 1885) bezüglich der Annuluszellen ist der von Prantl entdeckten Erscheinung gewidmet, dass in den Annuluszellen Luft auftritt, und dass gewisse ruckweise Bewegungen von bereits geöffneten Ringen noch ausgeführt werden, wie sie insbesondere auch von Leclerc du Sablon (1886) behandelt wurden. Die ganze Erscheinung ist auch durch Schrodt's letzte Publikation (Flora 1887) nicht befriedigend aufgeklärt. Bedenklich ist ein Satz Schrodt's in seiner Mittheilung von 1885, derzufolge eine allmälig trocknende Membran für Luft permeabler wird. Lietzmann bewies bekanntlich 1887 das Gegentheil. In der Polemik zwischen Prantl und Schrodt erscheint besonders gewichtig der Hinweis des letzteren, dass nach Prantl's Vorstellungen ein Druck von 50—60 Atmosphären in den Annuluszellen anzunehmen sei, was an's Ungeheuerliche grenzt. In dieser hauptsächlich gegen Prantl gerichteten Arbeit von 1887 tritt Schrodt auch von seiner oben erwähnten Ansicht betreffs der Permeabilität der feuchten und trockenen Membran zurück zu Gunsten der späteren Lehre von Lietzmann. Schrodt's Kritik geht manchmal entschieden zu weit und verliert sich in einen unfruchtbaren Skeptizismus. In seiner Dissertation von 1885 tritt diese Eigenschaft gegen Schinz etwas hervor. Immerhin aber tragen alle seine Publikationen den Stempel einer geistigen Reife an sich.

Marloth publizirte als Dissertation (Engler's Bot. Jahrbüch. IV, 1883) eine Untersuchung „Ueber mechanische Schutzmittel der Samen gegen schädliche Einflüsse von aussen". Es handelte sich hier also um den Nachweis von Einrichtungen zum Schutze der Samen während der Dauer seiner Verbreitung und bis zur Keimung; dieser Schutz ist besonders gerichtet gegen mechanische Verletzungen (z. B. durch Thiere). (Bachmann's und Strandmark's bezügliche Untersuchungen sind besonders als Vorarbeiten zu nennen.)

In einer Reihe von Fällen erscheinen solche Schutzmittel gegen äussere Verletzungen überflüssig, ihr Fehlen also hieraus teleologisch verständlich. Bei *Tropaeolum* liegt seltener Weise in den dickwandigen Zellen der Samenlappen ein Schutzmittel für das zwischen ihnen liegende Würzelchen. Bei den Samen, welche beim Aufspringen der Kapsel oder durch den Wind ohne Flugapparate ausgestreut werden, liegt entweder in der dicken Epidermisaussenwand der Samenschale ein Schutz, oder es treten verdickte Palissadenzellen auf oder andere dickwandige, meist parenchymatische Gewebe in der Samenschale.

Bei Samen, die mit Flugapparaten oder mit hackigen Anhängseln zum Anhängen an Thiere ausgerüstet sind, finden sich gesteigerte mechanische Schutzmittel gegen Zerbrechen vorwiegend in Form von dickwandigem Prosenchym. Es gibt dann Pflanzensamen, bei welchen der mechanische Schutz ganz oder ausschliesslich dem Eiweiss übertragen ist, und wiederum solche, denen eine verstärkte Samenschale und dickwandiges Eiweiss zugleich zukommen und also einen doppelten Schutz gewähren. — Marloth bemerkt übrigens selbst, dass es noch lange nicht möglich ist, überall anzugeben, welchen veränderten Bedingungen „der veränderte Bau" entspricht.

Ebeling's Arbeit über „die Saugorgane bei der Keimung endospermhaltiger Samen" (Flora 1885) musste sich, wie der Titel erkennen lässt, damit begnügen, anknüpfend insbesondere an die Untersuchungen, welche Sachs schon 1862 (Bot. Ztg.) zur Keimungsgeschichte geliefert hat, in die Breite zu arbeiten. Diese Breitenausdehnung hätte wohl noch eine beträchtlichere sein können. Seine Mittheilungen bezüglich der *Commelinaceen* und *Juncaceen* bringen immerhin noch eine gewisse Abwechslung in das Gesammtbild der in Redé stehenden Erscheinungen.

Ich komme nun nochmals auf die oben bereits behandelte Institutspublikation von O. Klein zurück. Der genannte Verfasser lieferte in jener Arbeit auch noch einen kleinen Beitrag zum Kapitel der dynamischen Zellen, das uns jetzt eingehender beschäftigen soll.

Die Doldenstrahlen von *Daucus Carota* und anderen *Um-*

belliferen sind bekanntlich krümmungsfähig; der Sitz der bewegenden Kraft liegt nun nach Klein in der äusseren Hälfte des mechanischen Ringes. Ihre Zellen besitzen nicht wie die Zellen der inneren Hälfte spiralige Micellarreihen, sondern quer gestellte und verlängern sich durch Quellung beträchtlich. Der Nutzen der ganzen Erscheinung liegt bei dem öfteren Wiederholen des Oeffnens und Schliessens der Dolden darin, dass die Ausstreuung der Samen auf eine möglichst lange Periode ausgedehnt wird.

Die Anführung der „dynamischen" Zellen soll unser Auge zunächst auf die Arbeit eines frühzeitig verstorbenen Schülers Schwendener's, Georg Eichholz, hinlenken. 1885 wurde derselbe promovirt auf Grund einer Dissertation, welche sicher zu den bedeutenderen unseres Institutes gehört und „den Mechanismus einiger zur Verbreitung von Samen und Früchten dienender Bewegungserscheinungen" zum Gegenstand hatte (Pringsh. Jahrb. Bd. XVII); derselben entnehme ich kurz Folgendes. Bei *Impatiens* z. B. bedingt der hydrostatische Druck in der subepidermalen „Schwellschicht" die Kraft, Gestaltsveränderung dieser Zellen die Richtung und die Dehnbarkeit der Membranen die Grösse der Expansion beim Aufspringen der Früchte. Die Fälle, wo indess ein zartwandiges Parenchym durch Kontraktion Bewegungen veranlasst, scheinen selten zu sein. Eine grosse Rolle spielen dagegen die spezifisch dynamischen Zellen mit horizontalen oder schwach geneigten Poren oder Micellarreihen; sie kontrahiren sich in der Längsrichtung beim Trocknen beträchtlich (z. B. um $20^0/_0$). Durch die Kombination dieser mit dynamo-statischen Elementen, welche longitudinale oder linksschiefe Poren besitzen (übereinstimmend und wahrscheinlich identisch mit den Stereïden Schwendener's), kommt ein Bauprinzip zur Geltung, das in der Natur da und dort Anwendung findet, z. B. beim Loslösen der *Scandix*-Fruchtschnäbel vom Carpophor. Zu den interessanten (von Steinbrinck schon früher studirten) Fällen einer Kreuzung der dynamisch wirksamen Zellen lieferte Eichholz einige Ergänzungen: bei *Mercurialis* bilden die sich kreuzenden Fasern nur je eine einschichtige Lage, hier liess sich eine Quellungsdifferenz nachweisen.

Eichholz hatte bei seinen Untersuchungen den Vortheil, nicht bloss auf Steinbrinck's Arbeiten, sondern ganz besonders auch auf Zimmermann's Abhandlung (1881) sich stützen zu können. Letztere wurde seiner Zeit von der philosophischen Fakultät der Berliner Universität mit dem Preis gekrönt. Zimmermann kann meines Erachtens als der Entdecker der spezifisch dynamischen Zellen bezeichnet werden, indem er jene mit schiefen Micellarringen ausgestatteten Zellen in Gramineen-Grannen zuerst genau beschrieb und ihre bedeutende Verkürzung beim Austrocknen nachwies. In seiner Preisschrift finden wir nebst der mechanischen Erörterung verschiedener Torsionen und Krümmungen (*Gramineen-*, *Geranium-* und *Pelargonium*-Grannen, *Papilionaceen*-Hülsen) auch den Beweis, dass das Fortschleudern der *Oxalis*-Samen durch starke Quellung der Membranen der durchsichtigen Aussenschicht bewirkt wird. Ferner gelangte Zimmermann auf Grund mathematisch-mechanischer Betrachtungen zu dem Schluss, dass eine spiralig gestreifte Zelle höchst wahrscheinlich deshalb das Bestreben hat, sich zu tordiren, weil die Quellung senkrecht zu den Streifen die stärkere und die Festigkeit in der Richtung derselben die grössere ist.

Bevor wir zu den aus unserem Institut stammenden entwickelungsgeschichtlichen Arbeiten übergehen, schalte ich hier einige Bemerkungen ein bezüglich einiger weniger Arbeiten, die in's Gebiet der Mikrochemie gehören oder in dasselbe einschlagen.

Ernst Schulz schrieb „Ueber Reservestoffe in immergrünen Blättern, unter besonderer Berücksichtigung des Gerbstoffes" (Flora 1888). Besondere Beachtung verdient seine öfter wiederkehrende Beobachtung, dass in gewissen Blättern Markstrahlen und Epidermis nicht bloss selbst Gerbstoff führen, sondern mittelst zwischenliegender Zellen, die denselben Stoff führen, mit einander in Verbindung stehen. Der letztgenannte Verfasser hatte natürlich auch mit dem Umstande zu rechnen, dass über den betreffenden Gegenstand schon zahlreiche Arbeiten vorliegen. Unter Anderem sah sich E. Schulz auch veranlasst, die von mir in den Jahren 1885 und 1887 (Sitzungsber. der Berl. Akad.) auf Grund eigener Beobachtungen aufgestellte Anschauung zu acceptiren, dass der Gerbstoff ernährungsphysiologische Bedeutung hat. Aus der zweiten meiner vorhin erwähnten Arbeiten („Neue Beiträge zur Kenntniss der physiologischen Bedeutung des Gerbstoffes in den Pflanzengeweben") führe ich noch an, dass der Gerbstoff nach meinen Versuchen wirklich wandert, und dass sein Verhalten und Vorkommen im Assimilationsgewebe den Schluss nahelegen, dass er selbst ein näheres oder entfernteres Assimilationsprodukt sei.

Eine rein chemische Arbeit, jedoch mit mikrochemischen Gesichtspunkten, lieferte Emil Nickel („Die Farbenreaktionen der Kohlenstoffverbindungen", Berlin 1888). Diese Dissertationsschrift, die in sachkundigem Kreise ein sehr günstiges Urtheil hervorgerufen hat, nimmt eine Ausnahmsstellung innerhalb der grossen Zahl von Institutsarbeiten ein, indem bei der ausgesprochen chemischen Richtung, welche der Autor einschlug, dem botanischen Einfluss kein Raum verblieb. Sehr bemerkenswerth — gerade an dieser Stelle meines Schriftchens — ist das Ergebniss Nickel's, dass die von Sanio, mir und anderen angewandte („Sanio'sche") Gerbsäurereaktion mit Kaliumbichromat nicht für Gerbsäuren spezifisch ist. Doch erscheint es mir immer noch fraglich, ob die mikroskopische Beobachtung genau mit der makrochemischen parallel geht. Es ist leicht denkbar, dass zwei makroskopisch gleichartig aussehende Niederschläge in Zellen vertheilt oder überhaupt mikroskopisch betrachtet wohl unterschieden werden können.

II. Kapitel.

Ueber einer Gruppe in dem Bild, das von der Thätigkeit des Berliner Botanischen Instituts in diesen Blättern entworfen ist, steht der Titel „Entwickelungsgeschichte". Doch unterscheiden sich die hierher gehörigen Beiträge nach Inhalt und Tendenz 1) in rein entwickelungsgeschichtliche, 2) in solche, die mit einem mechanischen Problem verknüpft sind, 3) in solche entwickelungsgeschichtliche Untersuchungen, die in die moderne Morphologie eine genauere mikroskopische Methode hineintragen wollen. Ich bemerke gleich, dass in letzterer Richtung noch wenig zu verzeichnen ist. Schröter (z. Z. Professor in Zürich) und Moehring sind allein mit ihren Arbeiten hier zu nennen. Ersterer schrieb theils unter Schwendener's, theils unter Cramer's Leitung (Zürich) über die Entstehung des *Malvaceen*-Androeceums bei zwei Species (Jahrb. d. Kgl. Bot. Gartens etc. zu Berlin 1883). Die Petala werden thatsächlich interkalirt, werden nämlich erst sichtbar, wenn die Staminalhöcker sich schon zu verzweigen beginnen; ein episepaler Kreis von Stamina ist nicht nachzuweisen; das Androeceum entspricht 5 epipetalen, kollateral und centrifugal sich verzweigenden Staubblättern. Dies die wesentlichen Ergebnisse der Schröter'schen Untersuchung. Moehring kam (1887) in seiner Dissertationsarbeit „Ueber die Verzweigung der Farnwedel" zum Schluss, dass der Aufbau ein monopodialer sei; nach früheren Beobachtungen anderer Autoren wird derselbe theils als rein sympodial, theils als dichotomisch mit abwechselnder Förderung des einen der beiden Gabelzweige geschildert.

Zur Entwickelungsgeschichte mit vorwiegenden mechanischen Gesichtspunkten können für's Erste gerechnet werden die beiden Dissertationen Vonhoene's und Markfeldt's, sowie die umfassende Arbeit Krabbe's über das gleitende Wachsthum.

In der erstgenannten Untersuchung („Flora" 1880) „Ueber das Hervorbrechen endogener Organe aus dem Mutterorgane" bespricht Vonhoene in klarer Disposition zuerst solche Fälle, in denen chemische Wirkungen (lösende Sekrete) der jungen Wurzel den Weg durch das Gewebe bahnen; mechanische Wirkungen sind in andern Fällen zu beobachten, nämlich Zerreissen von dickwandigem Parenchym und Bast, anfängliches passives Mitwachsen gewisser Zellen, späteres Durchbrochenwerden. Das schwache Dickenwachsthum des Wurzelkörpers kann eine Verwachsung mit dem Mutterorgan herbeiführen, wodurch die entstandene Durchbruchswunde geheilt wird. Passive Wachsthumserscheinungen können ferner durch das interkalare Längenwachsthum der durchbrechenden Wurzel auf die umgebenden Gewebe induzirt werden.

Nicht minder interessant ist das Thema Markfeldt's („Flora" 1885 „Ueber das Verhalten der Blattspurstränge etc.") Die Fragestellung hierbei war keineswegs sehr fernliegend, lag vielmehr so nahe, dass man sich wundern könnte, wie eine solche Frage bis dahin noch unbearbeitet geblieben ist.

Wie verhält sich das Blattspurstück, das im Stamm zwischen Mark und Blattinsertion liegt, wenn die Blätter Jahre lang ausdauern und der Stamm in die Dicke wächst? So lautete die Hauptfrage. Bei den untersuchten *Gymnospermen* tritt alljährlich ein Zerreissen der Spur in der Nähe des Cambiums ein, während gleichzeitig vom Blattspurcambium die Verbindung zwischen den beiden abgerissenen Theilen wiederhergestellt wird. Das gänzliche Zerreissen der Spur findet bei *Abies excelsa* und bei *Taxus baccata* in der dem Abfallen der Nadeln folgenden Vegetationsperiode statt; bei *Araucaria brasiliensis* war dies auffallender Weise auch an einem 16—17jährigen Stammstück, das seit 8—9 Jahren die Blätter verloren hatte, noch nicht eingetreten. Bei den immergrünen *Dicotylen*, soweit untersucht, fand Markfeldt im Allgemeinen, dass die Spur durch das Dickenwachsthum des Stammes nach auswärts herabgebogen wird. Bei den *Dicotylen* endlich, denen ein längeres rindenläufiges Blattspurstück zukommt, tritt nach Abfall der Blätter nachträgliches

Zerreissen am Cambium ein; dies gilt auch für die betreffenden *Dicotylen* mit jährlichem Laubfall.

Die bedeutende Untersuchung Krabbe's „Ueber das gleitende Wachsthum" (Berlin 1886) ist so reich an Einzelbetrachtungen, die den Stempel einer tüchtigen Gedankenarbeit an sich tragen, dass ich mich bei dieser geschichtlichen Darstellung nur auf weniges hierüber beschränken möchte.

Das gleitende Wachsthum besitzt eine ganz allgemeine Verbreitung, insbesondere beherrscht dasselbe die Bildung der Gefässbündelelemente bei den Gefässpflanzen. In der sekundären Gefässbündelbildung, z. B. bei *Dracaena*, *Aloë* spielt das gleitende Wachsthum bei der Entwickelung ihres Xylems eine ähnlich grosse Rolle, wie bei der Entstehung eines Pilzgewebes, eines Pseudoparenchyms. Die Untersuchungen von Velten, Sanio, Vöchting, Haberlandt lieferten für Krabbe's Betrachtungen einerseits einiges Material; anderseits kann von den 3 ersteren Autoren zwar unbedingt behauptet werden, dass der Gedankengang in ihren von Krabbe citirten Arbeiten bereits in derselben Richtung sich bewegte; doch gehört Krabbe's Werk das Verdienst, die Bedingungen des gleitenden Wachsthums sowohl genau analysirt, als die allgemeine Verbreitung desselben erwiesen zu haben. Der Schwerpunkt seiner Abhandlung liegt in der Behandlung der Vorgänge bei der Gefässbildung, soweit sie insbesondere deren Querschnittsform und Umgebung betreffen.

Von hohem Interesse ist der Abschnitt, in welchen das enorme selbstständige Wachsthum der sekundären Gefässbündeltracheïden von *Dracaena Draco* u. a. erörtert wird.

Zur Rubrik „Entwickelungsgeschichte mit mechanischen Gesichtspunkten" gehören ferner aus unserem Institut eine Arbeit Ambronn's, sowie wenigstens ein Punkt aus der Dissertation von Bloch und eine kleine Schrift von P. Schulz.

Ambronn's Untersuchungen „Ueber Poren in den Aussenwänden von Epidermiszellen" (Pringsheim's Jahrb. Bd. XIV, 1884) gehören in's Gebiet der feineren mikroskopischen

Beobachtung und liefern zugleich auch einen sehr beachtenswerthen Beitrag zur physiologischen Anatomie.

Von prinzipieller Bedeutung für die anatomisch-physiologische Richtung ist nämlich das Resultat, dass alle von Ambronn untersuchten Fälle von Poren in den Aussenwänden der Epidermiszellen sich entweder auf physiologischem Wege beleuchten lassen, oder aber als wachsthumsmechanische Folgen anderer zweckmässiger Strukturverhältnisse befriedigend erklärt werden können. Wellungen und Faltungen der Radialwände von Epidermiszellen sind solche Strukturverhältnisse, sowie ausserdem insbesondere netzartige Verdickung der Epidermisaussenwände. Wichtig ist nun folgende Erwägung, die auch durch Beobachtung von Ambronn bestätigt wurde: Denkt man sich einen dünnen Membranstreifen, welcher wellenlinig verläuft und nun Dickenwachsthum zeigt, so wird dieses Wachsthum voraussichtlich sich nach Massgabe der Spannungen so vertheilen, dass an den Stellen zwischen den Maxima und Minima der Wellenkurve die stärkste Dickenzunahme erfolgt, während die Conkavitäten der Maxima und Minima am wenigsten geeignet sind zur Einlagerung neuer Micelle; günstiger hierzu situirt sind die Convexitäten der Maxima und Minima der Wellenkurve, weil sie, wenn auch senkrecht zur Fläche gedrückt, doch tangential gezogen werden. Hypothetisch wird dann diesen anfänglichen Wirkungen der wellenförmigen Biegungen auch für das fernere Dickenwachsthum ein bestimmender Einfluss zugeschrieben.

Ich möchte hier die Bemerkung einschalten, dass die in Rede stehenden Beobachtungen und Ausführungen Ambronn's auch einen Platz finden müssen in der Reihe derjenigen Argumente, welche für die Nägeli'sche Intussusceptionstheorie sprechen.

In Bloch's Dissertation (Untersuchungen über die Verzweigung fleischiger Phanerogamenwurzeln 1880) sind die werthvolleren Stellen diejenigen, welche mechanische Erklärungen für gewisse Strukturverhältnisse enthalten. So finde ich besonders folgendes bemerkenswerth.

Durch das Dickenwachsthum der Hauptwurzel (*Daucus Carota* diente vorwiegend zur Untersuchung) werden in Folge des dadurch erzeugten tangentialen Zuges die Gefässe der Nebenwurzel aus ihrer longitudinalen Nebeneinanderlagerung verrückt und damit auch die Wurzelverzweigungen höheren Grades in den verschiedensten Richtungen abgelenkt. Ferner wird die charakteristische Runzelung der *Daucus*-Wurzel und die Rillenbildung in ähnlichen Fällen in klaren Zusammenhang gebracht mit dem radialen Zug, welcher dadurch entsteht, dass das Gewebe der Rübe von innen an die allmälig ein ganzes Wurzelkonglomerat bildenden peripherisch gelegenen Verzweigungen andrängt. Die Wirkungen dieses Zuges zeigen sich anderseits im Innern der Rübe in den Ablenkungen der Gefässe des Centralstranges der Hauptwurzel und in Verzerrungen innerhalb dieser Region.

Paul Schulz beobachtete bei seinen anatomischen Studien über das anomale Dickenwachsthum von *Bignonia aequinoctialis*, einer kleinen Publikation in der „Flora" 1884, einen schönen Spezialfall von gleitendem Wachsthum: Das Phloëm gleitet hier theilweise am Xylem vorbei.

Ich gehe zur Kategorie der rein entwickelungsgeschichtlichen Beiträge über. Hier ist natürlich ein Anklang an Nägeli, den berühmten Meister auf diesem Gebiete, von vornherein zu erwarten.

Wir stossen nämlich auf Schwendener's eigene Abhandlung „Ueber das Scheitelwachsthum der Phanerogamenwurzeln", sowie auf den ersten Theil seiner Arbeit „Ueber Scheitelwachsthum und Blattstellungen" (beide in den Sitzungsberichten d. kgl. Berl. Akad. 1882 bezw. 1885).

Erstere Arbeit verfolgt die Tendenz, „eine kritische Sichtung" der vorhandenen Arbeiten „auf Grund eigener Beobachtungen" durchzuführen. Das Hanstein'sche „Plerom" als Histogen wird, um hiervon gleich zu sprechen, als in keinem einzigen Falle sicher nachgewiesen bezeichnet. Schwendener stellt 5 entwickelungsgeschichtliche Typen für die *Phanerogamen*-Wurzeln auf. Bei den *Dicotylen* steht die Wurzelhaube mit der differenzirten Wurzelepidermis in genetischem Zusammenhang, bei den *Monocotylen* nicht; bei einer grossen 1. Gruppe (*Dicot.*) laufen sämmtliche Schichten der Wurzelhaube nach rückwärts in die Epidermis des Wurzelkörpers, Haube und Wurzelkörper sind aber deutlich gegen einander abgegrenzt. Beim 2. Typus (*Dicot.*) fehlt eine solche Abgrenzung, es gibt vielmehr genetische Zellreihen, die der Haube und dem Wurzelkörper zugleich angehören; demzufolge lassen sich hier nur die grösste Hauptmasse der Haubenschichten in die Epidermis hinein verfolgen. Bei Typus 3 (*Dicot.* u. *Gymnospermen*) endlich laufen entweder nur die äusseren Wurzelhaubenschichten rückwärts in die Epidermis aus oder gar keine, indem es ausschliesslich Rindenzellen sind, in welche die Schichten der Haube auslaufen. Bei dem 4. Typus (*Monoc.*) sind im Gegensatz zum 5. (*Monoc.*) die Bildungsgewebe von Wurzelhaube und Wurzelkörper scharf gegen einander abgegrenzt.

Die Bildung der „Columella" erhöht die Strebfestigkeit, ihr Vorkommen aber berechtigt keineswegs zur Annahme eines Scheitelwachsthums mit vielen Scheitelzellen, sondern ist einfach auf das Zusammenrücken der mittleren antiklinen Trajektorien zurückzuführen.

Selten findet man 1 Scheitelzelle bei den Phanerogamen-Wurzeln; das Vorkommen von 4 quadrantenartig neben einander liegenden Scheitelzellen wurde festgestellt bei *Marattiaceen*-Wurzeln; weniger konstant verbreitet und wie es scheint auch nicht von unbegrenzter Dauer ist diese Wachsthumsmodalität bei den *Gymnospermen*-Stammscheiteln.

Nach der von Schwendener (1879) in einer kleinen Mittheilung (Gesellschaft d. naturf. Freunde) gegebenen Auseinandersetzung und den oben citirten Abhandlungen sind im Längsschnitt stets nur 2 Scheitelzellen als solche zu betrachten (die beiden rechts und links an die Mittellinie anstossenden).

Entwickelungsgeschichtliche Beiträge lieferten aus unserem Institut noch P. Sonntag (Pringsheim's Jahrb. XVIII. 1887) und E. Immich (Flora 1887) in ihren Dissertationen.

Ersterer baut in seiner Arbeit „Ueber Dauer des Scheitelwachsthums und Entwickelungsgeschichte des Blattes" auf der von früheren Autoren (Nägeli, Eichler, Prantl etc.) geschaffenen Basis fort und kommt zur Aufstellung dreier Wachsthumstypen, die in erster Linie auf die untersuchten *Dicotylen*-Blätter sich gründen. Der Scheitel stellt beim „interkalaren" Typus sein Wachsthum bald ein, und am häufigsten erfolgt dann basipetale Weiterentwickelung, seltener akropetale. Beim „apikalen" Typus werden sämmtliche seitliche Theile I. Ordnung vom embryonalen Blattscheitel selbst angelegt. Typus 3 ist kombinirt aus den beiden vorigen. Es werden die *Monocotylen-* und *Coniferen*-Blätter dem 1., hingegen die *Cycadeen-* und *Filicinen*-Blätter dem 2. Typus eingereiht.

Immich's Beitrag zur Entwickelungsgeschichte der Spaltöffnungen musste sich natürlich angesichts der über den Gegenstand vorliegenden Literatur, wobei besonders Strasburger's Arbeit zu berücksichtigen war, auf ausgewählte Spezialfragen beziehen. So wurde rücksichtlich des Zeitpunktes des ersten Auftretens der Spaltöffnungen ermittelt, dass z. B. bei *Cruciferen* die Mutterzellen dieser Apparate schon am Pflänzchen im unreifen Samen da sind.

In Samen der phylloloben Papilionaceen fanden sich gleichfalls schon solche Mutterzellen, wogegen sie den Cotyledonen der *Sarcolobae* fehlen, — leicht verständlich vom anatomisch-physiologischen Standpunkt aus. Ausserdem enthält die Arbeit Immich's, welche übrigens den Charakter der Erstlingsarbeit auch nicht verleugnen kann, Näheres über den Vorgang bei Bildung vertieft gelegener Spaltöffnungen und das Auftreten der Verdickungsleisten.

Was noch meine allenfalls hier zu erwähnende Arbeit „Ueber die Wachsthumsintensität der Scheitelzelle und der jüngsten Segmente" (Pringsheim's Jahrb. XII. 1881) betrifft, so sind mir von L. Klein (Bot.-Ztg. 1884 p. 611 ff.) erhebliche Fehler hierin nachgewiesen worden. Abgesehen hiervon konnte ich mich jedoch damit trösten, dass Klein zu einem ähnlichen Resultat gelangte, wie ich es auch dort anstrebte, dass nämlich das relative Wachsthum in den ersten 3—4 Segmenten im Durchschnitt von der Scheitelzelle aus abnehme.

In der botanischen Welt steht mit dem Namen Schwendener eine Pflanzengruppe in Verbindung, deren Bearbeitung den Grund legte zur wissenschaftlichen Bedeutung dieses Forschers. Es sind die bereits Eingangs dieser Schrift erwähnten Arbeiten über die Flechten.

Es ist daher auch nicht zu verwundern, dass einzelne Arbeiten aus dem Berliner Institut diesem Gegenstand sich zuwandten.

Krabbe's Arbeiten, Neubner's Dissertation und die Arbeiten Fünfstück's, deren eine von der Berliner philosophischen Fakultät mit dem Preis gekrönt wurde, gehören hierher.

Krabbe untersuchte die „Entwickelung, Sprossung und Theilung einiger Flechtenapothecien" (Bot.-Ztg. 1882) und gelangte für die Gattung *Sphyridium* zur Ansicht, dass die Entstehung des Fruchtkörpers höchst wahrscheinlich von einem Sexualakt unabhängig sei. Dem Flechtenapothecium kommt nach Krabbe ferner die Fähigkeit zu, an jedem beliebigen Punkt Apothecialsprossungen hervorzubringen; von diesen Sprossungen sind zu trennen vorkommende Theilungen von Apothecien. Auf die Angabe dieser Dinge mich beschränkend, komme ich sogleich auf desselben Verfassers zweite Lichenen-Arbeit zu sprechen: „Morphologie und Entwickelungsgeschichte der Cladoniaceen" (Ber. d. Deutschen Bot. Gesellsch. 1883). Auch für die Gattung *Cladonia* kommt Krabbe zur Ansicht, dass der Entwickelungsgang des Fruchtkörpers ein rein vegetativer sei. Besonderes Gewicht wird in dieser Mittheilung darauf gelegt, dass das „Podetium" von *Cladonia* einen Theil des Fruchtkörpers repräsentirt. Die *Cladoniaceen* vertheilen sich nach der Beschaffenheit ihres Thallus auf Strauch-, Laub- und Krustenflechten; Krabbe's Untersuchungs-

4*

ergebniss greift also umgestaltend in die systematische Gruppirung der Flechten ein. *Stereocaulon* weicht wesentlich von *Cladonia* ab, ihre Podetien gehören wirklich zum Thallus.

Neubner's „Beiträge zur Kenntniss der *Calicieen*" (Flora 1883) bestätigen Stahl's Vermuthung, dass die Algengattungen *Pleurococcus* und *Stichococcus* vereinigt werden müssen; eine mechanische Einwirkung der Hyphen nämlich wandelt die kugeligen Gonidien (*Pleurococcus*) in cylindrische (*Stichococcus*) um! Der Thallus der *Calicieen* besitzt dreierlei Algen als Gonidien.

Das wesentliche Ergebniss der Preisschrift Fünfstück's „Beiträge zur Entwickelungsgeschichte der Lichenen" (Jahrb. d. kgl. Bot. Gart. und d. Bot. Mus. zu Berlin, Bd. III. 1884) lässt sich kurz fassen: In den untersuchten Gattungen *Peltigera*, *Peltidea* liegt weder der Bildung ·der Paraphysen noch derjenigen der Askogone irgend welcher Sexualakt zu Grunde. Bei der Gattung *Nephroma* betrachtet Fünfstück die asexuelle Fruchtentwickelung als sehr wahrscheinlich. Bei *Nephroma* fehlt es nämlich nicht an Spermogonien, bei den ersteren 2 Gattungen hält der Autor deren Existenz für unwahrscheinlich.

In demselben Jahre (Ber. d. deutsch. Bot. Ges.) publizirte Fünfstück auch eine Mittheilung über die „Thallusbildung an den Apothecien von *Peltidea aphthosa*" und machte bekannt, dass die am Rücken der Apothecien befindlichen Thallusschüppchen endogen entstehen, und zwar hervorgehen aus Gonidienkolonieen, welche der normalen Gonidienschicht des Thallus entstammen, und dann durch Wachsthumsvorgänge von gewissen Hyphen in Verbindung mit Absterben von andern Hyphen der Peripherie des Apotheciums sich nähern.

III. Kapitel.

Wenn wir zur Physiologie des Wachsthums uns wenden und die Frage aufwerfen, welche Errungenschaften dieses Kapitel der Schwendener'schen Schule in Berlin zu verdanken hat, wird ein kurzer Rückblick den Beweis liefern, dass auch dieses Gebiet eine Förderung empfangen hat.

Schwendener's Studien „Ueber die durch Wachsthum bedingte Verschiebung kleinster Theilchen in trajektorischen Curven" (1880. Monatsber. d. Berl. Akad.) stützen sich auf die Anschauung, dass die Richtung der Micellarreihen in den Stärkekörnern und verdickten Zellmembranen einerseits und die orthogonal-trajektorische Reihenbildung der Zellen beim Dickenwachsthum der Bäume anderseits von den nämlichen mechanischen Prinzipien beherrscht sind.

Denkt man sich nun zuerst die radialen Kräfte allein und ungestört thätig, so ist eben allein diese Thätigkeit die Ursache für die rechtwinklige Schneidung — nicht allenfalls ein „Gesetz solcher rechtwinkliger Schneidung" beherrscht diese Erscheinungen. Von besonderem Interesse ist es nun, an der Hand von Schwendener's Abhandlung die Gründe für die in der Natur vorkommenden Abweichungen vom rechtwinkligen Verlauf der Trajektorien kennen zu lernen; so liess sich insbesondere als die Ursache der Ablenkung der Markstrahlen von der rechtwinkligen Schneidung gegen den Ort des maximalen Dickenwachsthums hin die von der Rinde ausgehende Spannung nachweisen; hiedurch entstehen seitliche Componenten.

Nicht lange Zeit nach dieser Arbeit Schwendener's folgte 1882 eine Veröffentlichung seines Schülers Krabbe „Ueber die Beziehungen der Rindenspannung zur Bildung der Jahrringe und zur Ablenkung der Markstrahlen" (Sitz.-Ber. der Berl. Akad.), der sich noch weiter mit der interessanten Frage beschäftigte, welche Folgen der Rindendruck thatsächlich hat, welche Erscheinungen dagegen irrthümlicherweise mit dem Rindendruck in Beziehung gesetzt worden sind. Krabbe ermittelte experimentell, dass der Radialdruck der Rinde mit der Dickenzunahme des Holzkörpers abnimmt, sowie dass eine erhebliche Aenderung in der Intensität der Rindenspannung während der Ablagerung eines Jahrringes nicht stattfindet, dass endlich im Einklang mit den besprochenen Schwendener'schen Untersuchungen an excentrisch gewachsenen Bäumen und Aesten die Tangentialspannung der Rinde, so lange diese keine wesentlichen Veränderungen erfahren hat, an dem Orte maximalen Wachsthums am grössten sei. Von besonderer Wichtigkeit ist Krabbe's obiges Ergebniss bezüglich der Abnahme des Radialdrucks der Rinde mit der Dickenzunahme des Holzkörpers.

In der im Jahre 1884 erschienenen Abhandlung „Ueber das Wachsthum des Verdickungsringes und der jungen Holzzellen" (Abhdl. d. kgl. preuss. Akad. d. Wiss. zu Berlin) drang Krabbe noch weiter in dieses Gebiet vor. Er operirte mit Bäumen im Freien (in Westfalen).

Mittelst eigens hierzu konstruirter Ketten, welche um die Baumstämme oder Aeste geschlungen wurden, ward der Rindendruck gesteigert und die Folge hiervon studirt: Das Wachsthum der jungen Holzzellen wird verhältnissmässig in viel höherem Maasse dadurch beeinflusst, als dasjenige der Cambiumzellen; betreffend die künstliche Erzeugung von dickwandigem Herbstholz bei den Coniferen zeigte sich, dass in manchen Fällen lokale Rindendrucksteigerung sogar eine Reduktion der Herbstholzbildung zur Folge hatte. Es ist auch keineswegs allgemein zutreffend, wie Krabbe zeigt, dass das zur Zeit der Herbstholzbildung nach Einschnitten in die Rinde entstehende Holz die Beschaffenheit von Frühlingsholz besitze. Konnte auch die Kraftgrösse, mit welcher das Dickenwachsthum vor sich geht, in ihrem Grenzwerth nicht ermittelt werden, so ist immerhin als schätzenswerthes Resultat die Erkenntniss zu betrachten, dass z. B. die Kraft, mit welcher *Picea excelsa* in die Dicke wächst, auf mindestens 10 Atmosphären veranschlagt werden muss. Bei den Laubhölzern handelt es sich um mindestens 15 Atmosphären.

Im Gegensatz insbesondere zu Sachs und de Vries hält Krabbe auf's Bestimmteste dafür, dass auch gegenwärtig eine befriedigende Erklärung über die Ursachen der Jahrringbildung nicht gegeben werden könne.

In der citirten Abhandlung Krabbe's finden sich auch Beobachtungen, welche das Vorhandensein einer einzigen Cambium-Initiale für verschiedene Fälle im Sinne Sanio's bestätigen.

Zur Wachsthumsphysiologie gehört ferner die bekannte Frage nach dem Modus des Membranwachsthums — durch Intussusception oder Apposition.

Auch hiezu lieferte unser Institut einige Beiträge in den Arbeiten von Wille und Krabbe.

Wille, der Angehörige der Schwendener'schen Schule in Skandinavien, hatte 1882 in unserem Institut gearbeitet und veröffentlichte 1886 die Resultate dieser seiner Untersuchung „Ueber die Entwickelungsgeschichte der Pollenkörner der Angiospermen" etc. Den Details, welche sich hier, sowie in der Krabbe'schen Abhandlung: „Ein Beitrag zur Kenntniss der Struktur und des Wachsthums vegetabilischer Zellhäute" (Pringsheim's Jahrb. XVIII. 1887) finden, entnehme ich Folgendes. Wille wies z. B. darauf hin, dass das Wachsthum der Membran der Pollenmutterzellen von *Paeonia officinalis* ohne Annahme von Intussusceptionswachsthum nicht erklärt werden könne, da hier wasserreiche Schichten sich vorfinden, die sich nach den Seiten hin auskeilen; das Anfangsstadium einer solchen keilförmigen Schicht stellt sich als eine Spalte dar. Die Stäbchen bei den Pollenkörnern der *Armeria vulgaris* haben nach Wille schon eine bedeutende Grösse erreicht, wenn die Membranen der Mutterzellen sich auflösen. Allerdings möchte Zimmermann (Morphol. u. Phys. d. Pflanzenzelle) diese Beobachtung Wille's einer sorgfältigen Nachprüfung unterzogen wissen. Wille macht auch darauf aufmerksam, dass die Stacheln an den Zygoten gewisser Algen und diejenigen bei einigen *Desmidiaceen*-Zellen mit der Appositionstheorie nicht erklärt werden können.

Es werden durch Wille's Beobachtungen dann auch eine Anzahl von Fällen bekannt, in denen (nach dem „Treub-schen" Typus) die Pollenmembran von der innersten Membranlamelle der Spezialmutterzelle sich ablöst und so ihre Entstehung gewinnt.

Krabbe äussert sich (p. 412) gegen Ende seiner Abhandlung in ähnlichem Sinne wie Zimmermann in seinem oben citirten Buch: Appositionswachsthum und Intussusceptionswachsthum brauchen einander nicht auszuschliessen, sondern können sich in die Wachsthumsvorgänge theilen.

Krabbe führt als Beispiel für Intussusceptionswachsthum die Entstehung der lokalen Zellenerweiterungen bei *Nerium Oleander* in's Feld. Die Querschnittsfläche ist an den Erweiterungen dieser Bastzellen so erheblich grösser als an den dünnen Stellen, dass eine etwaige Dehnung eine solche Differenz nicht erklären kann. Indem ich mich kurz fasse, weise ich darauf hin, dass von Krabbe nach der anderen Seite hin Fälle von successiven Neubildungen von Cellulosehäuten mit und ohne Einkapselungen von Protoplasma angeführt und besprochen werden. Bei der in Rede stehenden Untersuchung spricht der grösste Theil der Beobachtungen dafür, dass Appositionsvorgänge beim Membranwachsthum der Bastzellen sehr grosse Verbreitung haben. Membran-Neubildungen überhaupt sind bekanntlich bereits von Nägeli, wie auch Krabbe anführt, konstatirt. Krabbe's am Schluss seiner Arbeit dargelegte Auffasssung geht nun allerdings dahin, dass er neben Apposition und Intussusception noch „Neubildung einer Cellulosehaut" unterschieden wissen will. Doch halte ich dafür, dass diese „Neubildungen" ganz gut in den Rahmen der Appositionsvorgänge hineinpassen. Denn gerade weil wir nicht genau wissen, wie die einzelnen Schichten, welche sich an einander apponiren, entstehen, kann man auch bis jetzt von den „Appositionstheoretikern" nicht verlangen, dass sie eine präzisere Auffassung mit diesem Dickenwachsthum verknüpfen, als eben die wesentliche Thatsache, dass apponirt wird. Richtig bemerkt Krabbe mehrmals, dass sich nach der

Lage der Dinge das Problem des Membranwachsthums oft zuspitzt zu der Frage, wie eine Zellhaut neugebildet wird, d. h. überhaupt in die erste Erscheinung tritt.

Endlich führe ich noch an, dass Krabbe auf's Bestimmteste die von Dippel im Gegensatz zu Nägeli vertretene Ansicht im Sinne von Dippel bestätigt, dass nämlich die zwei in einer Zellwand vorhandenen, sich kreuzenden Streifensysteme verschiedenen Schichten angehören. Nach Nägeli enthielte eine Schicht die beiden Systeme, so dass eine schachbrettartige Zusammensetzung vorläge.

Jene Untersuchungen, welche sich auf Schwendener's mechanische Theorie der Blattstellung beziehen, können meines Erachtens ebenfalls als zur Wachsthumsphysiologie gehörig betrachtet werden. Wir wollen dieselben also hier einer kurzen Betrachtung unterziehen.

Es ist für Schwendener's Theorie eine Prinzipienfrage ersten Ranges, ob überhaupt jemals Spiralstellungen seitlicher Organe ohne Kontaktwirkung der jugendlichen Anlagen zu Stande kommen. Einen Zweifel in dieser Hinsicht konnten aufkommen lassen die Seitenorgane (Blätter) von *Florideen*, sowie jene schiefen Wände der Moosrhizoiden, die bereits von Müller (Thurgau) in bestimmtester Weise gedeutet wurden, als ob dort Spiralstellung vorliege. Letzteres erwies sich nun als unzutreffend und bei den *Florideen* stellte sich die bedeutungsvolle Thatsache heraus, dass die jungen Blätter sich mit ihrer Innenseite dem Stamm dicht anschmiegen. Ausnahmslose Regel ist es ferner, dass die obersten Blätter mit ihren Spitzen mindestens bis zum Niveau der neu entstehenden hinaufragen. Die angebliche ursprüngliche Schiefstellung von Querwänden in der Scheitelregion tritt erst hervor, wenn der Kontakt an der Bildungsstätte des anzulegenden Blattes aufgehört hat. („Ueber Spiralstellungen bei Florideen" v. S. Schwendener 1880, Monatsber. d. Berl. Akad.)

In seiner 1885 in den akad. Sitz.-Ber. erschienenen Abhandlung „Ueber Scheitelwachsthum und Blattstellungen" zeigte Schwendener auf's Neue die Unabhängigkeit des Ent-

stehungsortes neuer Blattanlagen von den Zelltheilungsvor-
gängen in der Scheitelregion bei Gefässpflanzen. Es ist das
einer jener Punkte, in welchen Schwendener in schroffem
Gegensatz zu Nägeli's Anschauung steht.

Ich erinnere kurz daran, dass für's Erste nach den oben
genannten Untersuchungen Schwendener's die angeblich (von
Reess) bei *Equisetum* sicher beobachtete Vereinigung von je
3 Segmenten zu einem Gürtel nicht stattfindet, und dass eine
gesetzmässige Beziehung zwischen diesen Segmenten in den
Blattanlagen nicht vorhanden ist. Zweitens stimmt die Blatt-
spirale bei Farnen keineswegs, wie Hofmeister seiner Zeit
behauptete, mit dem Gang der Segmentspirale regelmässig
überein. Schliesslich kommt Schwendener — contra Berthold —
angesichts eines besonderen Falls bei der *Florideen*-Gattung
Crouania zu folgender Formulirung seiner Ansicht, „dass viel-
gliedrige Spiralsysteme mit regelmässigen Stellungen, deren
Zustandekommen ohne Kontaktwirkung sichergestellt wäre,
im Pflanzenreich nicht bekannt sind".

Ich käme nun zu Schwendener's Abhandlung „Zur The-
orie der Blattstellungen" 1883. Diese Schrift ist fast ausschliesslich theoretischer Natur, richtet sich theils vertheidigend, theils
kritisirend gegen C. de Candolle, Delpino und Berthold und
soll uns im Ganzen weiter hier nicht beschäftigen; wir finden
indess dort (p. 10 des Separatabzugs) den Anstoss gegeben
zu einer vor Kurzem aus unserem Institut hervorgegangenen
anderen Arbeit, der Dissertation von P. J. Teitz (1888).
Schwendener bezeichnete es als eine noch zu lösende Aufgabe,
den tordirenden Einfluss der Blattspurstränge (event. Skelet-
stränge) auf die jugendlichen Blattanlagen in der Endknospe
näher zu erforschen. Nach Teitz sind nun in der That die
Faktoren nachzuweisen, welche erforderlich sind, um die fragliche Torsion zu bewirken, nämlich 1. die widerstandsfähigen
Elemente und 2. der entsprechende tangentialschiefe Strang-
verlauf. Während die Strangspiralen zu Longitudinalen werden (durch den aus dem Längenwachsthum nach der Spitze
hin sich geltend machenden Zug), nähern sich die Kontakt-

verhältnisse der jungen Blattanlagen ihrer definitiven Lagerung.

Aus Schwendener's Veröffentlichungen soll an dieser Stelle noch namhaft gemacht werden eine 1879 (in den Sitzungsberichten des Bot. Ver. d. Prov. Brandenburg) gegebene Mittheilung „Ueber den Wechsel der Blattstellungen an Keimpflanzen von Pinus". Trotz ungleicher Ausgangsstellungen und ungleicher Anschlüsse ist hierbei regelmässig das Endresultat dasselbe, weil, wie Schwendener 1883 sagt, „kleine Abweichungen, wie sie gewöhnlich vorkommen, mit Nothwendigkeit zur Normalspirale führen". Schwendener war nämlich durch C. de Candolle auch zur Aufklärung darüber veranlasst, warum die Coordinationszahlen der sog. Hauptreihe 1, 2, 3, 5, 8 . . . . so häufig in der Natur vorkommen. Schwendener antwortet hierauf, wenn ich seine obigen Publikationen von 1879 und 1883 kombinire, so: Es gibt viele Wege, die zur gewöhnlichen (obigen), und nur wenige, die zu einer anderen Spiralstellung führen. Dies oder mit anderen Worten die Thatsache, dass die regelmässige Quirlstellung leicht in die unregelmässige und von dieser in die gewöhnliche Spiralstellung übergeht, erklärt nach Schwendener die Erscheinungen bei Pinus-Keimlingen. Bei vielen *Dicotylen* geht aus der Basis der dekussirten Blattstellung, bei vielen *Monocotylen* aus der alternirend zweizeiligen bei allmäliger Grössenabnahme der Organe die normale Spiralstellung hervor. Aehnlich der Grössenabnahme der Organe wirken Unregelmässigkeiten anderer Art. Also gegebene Basis und die beiden eben erwähnten Momente sind nach Schwendener's Ansicht die leitenden Faktoren.

Ebensowenig wie Schwendener's Blattstellungstheorie blieb auch sein bekanntes Werk „Das mechanische Prinzip" vom Jahre 1874 unangegriffen. Die darauf bezügliche kritische Schritt Detlefsen's, die mit eingehenden mathematisch-mechanischen Ausführungen ausgestattet ist, wurde von Schwendener (Akad. Sitz.-Ber. 1884) beantwortet, nachdem schon etwas früher derjenige Angehörige seiner Schule, welcher hierzu sich berufen fühlen konnte, A. Zimmermann („Kritische Bemerkungen" etc. Bot. Zentralbl. Bd. XIX) hiezu das Wort ergriffen hatte. Angesichts dieser Sachlage erübrigt für mich, da ich mir wohl bewusst bin, dass dies Gebiet nicht das meinige ist, weiter nichts als höchstens die Bemerkung, dass eine wissenschaftliche Kritik erfahrungsgemäss nicht bloss der Festigung einer aufgestellten Lehre förderlich sein kann, sondern auch zu möglichst präziser Form in ihrer Begründung beiträgt.

IV. Kapitel.

Unter den Problemen der reinen Physiologie war es besonders auch das Winden der Pflanzen, welches Schwendener anzog, selbst an diesen Vorgang analysirend und erklärend heranzutreten, und auch seinem früheren Schüler Ambronn Anregung in dieser Richtung zu geben. Wenn ich das Ergebniss dieser eingehenden Untersuchungen möglichst kurz hierher setze, so geschieht dies in folgender Fassung.

Nach Schwendener („Ueber das Winden der Pflanzen" 1882) gehört zum Winden das Ergreifen der Stütze in Folge der Nutation und der negative Geotropismus. Höchst instruktiv ist die genaue Verfolgung des Vorrückens eines gegebenen Contaktpunktes: Geotropismus und Nutation wirken beide gleichartig sowohl krümmend als drehend. Ambronn („Zur Mechanik des Windens". Ber. der math. phys. Kl. der Kgl. Sächs. Ges. d. Wiss. 1884) bestätigte die von Baranetzky nachgewiesene Thatsache, dass die kreisförmige Nutation allmälig aufhört, wenn man die Pflanze langsam um eine horizontale Achse rotiren lässt. Demzufolge musste eine von Schwendener im Laufe obiger Abhandlung gezogene Schlussfolgerung berichtigt werden. Denn das Aufhören des Windens beim Rotiren um eine horizontale Achse muss nun schon wegen Aufhörens der Nutation eintreten, ganz abgesehen von der ebenfalls eliminirten Wirkung des Geotropismus. Nach Ambronn sind die nothwendigen Faktoren für das Winden die Cirkumnutation, der negative Geotropismus und der Widerstand, den die Stütze den Bewegungen des Sprossendes entgegensetzt; in dem ersten der beiden oben von Schwendener aufgestellten Faktoren sind die erste und dritte der hier angegebenen Bedingungen kombinirt.

Eine Reizbarkeit wird den windenden Stengeln von Schwendener abgesprochen, was Ambronn bestätigt.

Ambronn's diesbezügliche Untersuchungen stehen übrigens nur zum Theil zu unserem Institut in genetischer Beziehung. Ich muss dies hier um so mehr hervorheben, als es noch genug andere Arbeiten gibt, in denen zwar ein notorischer wissenschaftlicher Verkehr und geistiger Zusammenhang des Leiters unseres Instituts mit den betreffenden Autoren sich bethätigte, die aber doch nicht in dem Rahmen unseres historischen Rückblicks schlechtweg als Institutsarbeiten figuriren dürfen. Wenigstens halte ich mich an eine etwas strengere Scheidung zwischen Institutsarbeiten, die hierher gehören, und Arbeiten der Schwendener'schen Schule überhaupt.

Schwendener selbst gab später (1886, Akad. Sitz.-Ber.) noch eine Kritik der „Wortmann'schen Theorie des Windens". Sie bewegt sich fast ganz auf dem Boden theoretischer Auseinandersetzungen; aus ihr geht übrigens deutlich hervor, dass speziell für dieses Gebiet Ambronn der vorzüglich qualifizirte Vertreter der Schwendener'schen Schule war und ist.

Zu einer anderen physiologischen Frage übergehend, treffen wir auf O. Schmidt's Dissertationsarbeit über: „Das Zustandekommen der fixen Lichtlage blattartiger Organe durch Torsion" (1883). Schmidt's in unserem Institut angestellte Versuche ergaben, dass das Licht, wie jede andere in bestimmter Richtung einseitig wirkende Kraft, nur Krümmungen, nicht aber Drehungen der Pflanzenorgane bewirken kann, denn Pflanzen von *Phaseolus multiflorus*, durch Rotation der Wirkung der Schwere entzogen, liessen keine Drehung der Blattstiele eintreten. Belastungsverhältnisse sind nothwendige

Faktoren für die Erreichung der günstigen Lichtlage mittelst Torsionen. Unerklärt bleibt indess, wie Schmidt auch hervorhebt, warum die Bewegungen sistirt werden, nachdem das Blatt sich in bestimmter Weise gegen das Licht orientirt hat. Schmidt's Ergebniss erinnert uns an die von de Vries an Pflanzen mit tordirten Internodien gemachten Beobachtungen, wobei ja auch das Eigengewicht der Blätter eine wichtige Rolle spielt. Ambronn's spätere Arbeit (Ber. der Deutsch. Bot. Ges. 1884) lässt übrigens die Sache doch etwas complizirter erscheinen, als Schmidt's Ergebniss nahe gelegt hat.

Krabbe beschäftigte sich 1882 und 1883 in unserem Institut mit der „Frage nach der Funktion der Wurzelspitze", welche Frage ja bekanntlich insbesondere durch Darwin's und Wiesner's Arbeiten in den Vordergrund getreten war. Krabbe publizirte 1883 und 1884 seine diesbezüglichen Untersuchungen (Ber. d. Deutsch. Bot. Ges. I u. II), welche wesentlich ergaben, dass der empfindliche oder reizbare Theil der Wurzelspitze niemals die Länge von 2 Millimeter überschreitet. Da nun der eigentlich krümmungsfähige Theil der Wurzel in einer 2 Millimeter langen Wurzelspitze nicht enthalten ist, und so geköpfte Wurzeln noch fortfahren zu wachsen, so bezeichnet Krabbe Darwin's Behauptung als zutreffend, dass die Wurzelspitze von der Schwerkraft einen Reiz ompfängt und diesen an die Zone maxmalen Wachsthums übermittelt. In der 2. Mittheilung Krabbe's lautet die Formulirung seines Ergebnisses so: „Wird die Spitze in einer solchen Länge (2 Millimeter) weggeschnitten, so tritt niemals, obgleich die einzelnen Wurzeln noch ein hinreichendes Längenwachsthum zeigen, eine geotropische Krümmung ein".

M. Fünfstück zeigte auf experimentellem Wege, dass die temporäre Abwärtskrümmung der Knospenstiele bei den *Papaveraceen* Erscheinungen aktiver Natur sind. (Vgl. auch Vöchting, Beweg. der Blüthen und Früchte 1882.)

V. Kapitel.

Beiträge zur Molekularphysik des Pflanzenreichs lieferte Schwendener selbst: „Ueber Quellung und Doppelbrechung vegetabilischer Membranen" (Sitz. Ber. d. Berl. Akad. 1887).

In engem geistigen Zusammenhang mit dem Leiter unseres Instituts, jedoch örtlich im Wesentlichen ausserhalb unseres Instituts, entstanden die „Molekularphysikalischen Untersuchungen" Zimmermann's (Ber. d. Deutsch. Bot. Ges. 1883).

In Bezug auf das Thatsächliche des Quellungvorganges ist nach Schwendener für die statisch-mechanischen Zellen der Vorgang bei der Quellung der Art, dass sich die radiale Axe und diejenige tangentiale, welche rechtwinklig zur Poren- oder Streifenstellung orientirt ist, verlängern, dagegen die zur Streifung parallele tangentiale Axe sich verkürzt. Bei den dynamischen Zellen und quergetüpfelten Gefässen zeigt die radiale Axe der Quellungsellipse und die longitudinale eine Verlängerung, die quer tangentiale Axe deutliche Verkürzung.

Was das Verhältniss zwischen optischen und Quellungsaxen betrifft, so besteht zwar die Regel, dass in der Richtung der kleinsten Axe des optischen Elastizitätsellipsoids die stärkste, in der Richtung der grössten Axe die geringste Quellung und bei Strukturveränderung Verkürzung stattfindet, während die mittlere Axe auch einem mittleren Quellungswerth entspricht; jedoch gibt es Ausnahmen, darunter sicher *Caulerpa*.

Molekulare Spannungen, wie sie v. Höhnel und Strasburger in den Membranen sich denken, werden von Schwendener in das Gebiet des physikalisch Unmöglichen verwiesen: es fehlen die Hindernisse, welche da sein müssten, um den Molekülen ihre Annäherung oder gegenseitige Entfernung unmöglich zu machen.

Die Annahme Nägeli's von Micellen wird für die vegetabilische Zellhaut im Allgemeinen von Schwendener immer noch für zutreffend gehalten; für dehnbarere Zellhäute wird ebenfalls im Anschluss an Nägeli eine netzförmige Verkettung von Micellverbänden angenommen.

Eine Verstärkung der Doppelbrechung in Folge der Quellung wurde von Schwendener nie beobachtet, wohl aber gelegentlich eine Herabsetzung der Polarisationsfarbe. Auch die viel bestrittene Angabe Nägeli's, betreffend die optische Unempfindlichkeit der Membranen gegen Zug und Druck, bedarf zwar einer Einschränkung, ist jedoch gerade bezüglich der typischen mechanischen Zellen (mit normaler Dehnbarkeit) aufrecht zu halten. Während Victor v. Ebner's Beobachtung am Traganthgummi eine Berichtigung durch Schwendener erfährt, kommen die beiden genannten Autoren in einem allgemeinen wichtigen Schlusssatz überein, welcher dahin lautet, dass die Doppelbrechung von einer nach Richtungen verschiedenen Anordnung der kleinsten Theilchen der Substanz bedingt sei. Diese nach Richtung verschiedene Anordnung kann nun nach Ansicht beider Forscher von der chemischen Natur der Substanz selbst abhängen, oder aber von „Spannungen", die nicht in erster Linie mit der chemischen Natur der Moleküle zusammenhängen. Als eine dritte mögliche Ursache solcher Anordnung kleinster Theilchen will Schwendener noch gelten lassen „Wachsthums- und Differenzirungsvorgänge, deren Verlauf in den Einzelheiten noch wenig aufgeklärt ist". Spannungen in der wachsenden Membran in Folge von „Ueberdehnungen" weist indess Schwendener entschieden zurück; obige „Spannungen" sind für Schwendener (im Gegensatz zu v. Ebner, welcher dabei auch an molekulare denkt) vorübergehende Wirkungen, welche, z. B. beim Erhärten einer weichen Substanz, eine dauernde besondere Anordnung der Massentheilchen hervorrufen.

Aus Zimmermann's oben erwähnten sachkundigen früheren Untersuchungen erwähne ich bloss, dass derselbe insbesondere auf Grund der von ihm angestellten Dehnungsversuche sich mehr auf v. Ebner's als auf Schwendener's Seite befindet. Bei der technischen Schwierigkeit, die der Erreichung eines einwurfsfreien Resultats bei solchen Versuchen im Wege stehen, lässt sich diese Erscheinung leicht begreifen.

Ich stehe am Ende der Aufgabe, die ich mir gestellt habe: ein Bild von der wissenschaftlichen Thätigkeit des Berliner Botanischen Instituts zu skizziren.

Ist dieses Bild trotz seiner Mängel ein wahrheitsgetreues geworden, so ist es zugleich ein brauchbarer Beitrag zur Geschichte der wissenschaftlichen Botanik. Im Allgemeinen erkennen wir daraus den Antheil Schwendener's und seines Instituts an dem Vorrücken unserer Wissensgrenzen innerhalb der letzten 10 Jahre; im Besonderen aber zeigte sich, dass die zahlreichsten Leistungen des Instituts in diesem Zeitabschnitt dienstbar waren der Vertiefung unserer Einsicht in die Zweckmässigkeit des inneren Baues der pflanzlichen Geschöpfe. Mit diesem befriedigenden Gedanken schliesse ich meine Decenniumsschrift.

Buchdruckerei von Gustav Schade (Otto Francke) in Berlin N.